"十三五"应用技术型人才培养规划教材

C#程序设计简明教程

武航星　主编

中国铁道出版社有限公司
CHINA RAILWAY PUBLISHING HOUSE CO., LTD.

内 容 简 介

本书以 Visual Studio 2019 为开发工具，介绍 C#语言基础核心概念。全书共 10 章，第 1～5 章主要介绍 C#语言基础知识，包括 C#语言和 Visual Studio 2019 简介、数据类型、输入输出、分支和循环、数组、函数；第 6～9 章主要介绍 C#语言面向对象基础和 Windows 编程，重在介绍 C#语言高效强大的应用开发能力，包括面向对象基本概念（类、对象、属性、事件、方法）、Windows 编程基础（图形界面化程序开发的流程和程序结构）、C#程序语言作为高效强大开发工具的实际应用（多文档开发、菜单、通用对话框应用、图像和图像处理、Windows 编程常用事件的处理）；第 10 章介绍自定义类，包括类的定义、属性和字段、自定义方法、构造和虚构函数、类的继承、类的扩展发布和应用。

全书旨在使 C#入门更加容易，注重案例的实用性和趣味性，在应用实例中介绍语法，弱化语法细节，案例代码力求简洁。作为 C#程序设计的入门级教程，本书面向无任何计算机语言基础和编程经验的初学者，适合作为非计算机专业程序设计教材。

图书在版编目（CIP）数据

C#程序设计简明教程 / 武航星主编. —北京：中国铁道
出版社有限公司，2020.8
"十三五"应用技术型人才培养规划教材
ISBN 978-7-113-27185-5

Ⅰ.①C… Ⅱ.①武… Ⅲ.①C 语言-程序设计-高等学校-
教材 Ⅳ.①TP312.8

中国版本图书馆 CIP 数据核字(2020)第 153111 号

书　　名：C#程序设计简明教程
作　　者：武航星

策划编辑：刘丽丽		编辑部电话：(010) 51873202
责任编辑：刘丽丽　包　宁		
封面设计：尚明龙		
封面校对：张玉华		
责任印制：郭向伟		

出版发行：中国铁道出版社有限公司（100054，北京市西城区右安门西街 8 号）
网　　址：http://www.tdpress.com/51eds/
印　　刷：中煤（北京）印务有限公司
版　　次：2020 年 8 月第 1 版　2020 年 8 月第 1 次印刷
开　　本：787 mm×1 092 mm 1/16　印张：11.5　字数：267 千
书　　号：ISBN 978-7-113-27185-5
定　　价：36.00 元

前　言

C#是 Microsoft 在 2000 年推出的一种全新且简单、安全、面向对象的程序设计语言，继承了 C 语言的语法风格，同时继承了 C++的面向对象特性。和 C/C++相比较，C#更加简洁的语法、强大的功能以及高效快速的程序开发能力，使其快速流行起来，其版本也不断更新。本书以 Visual Studio 2019 为开发工具，全面介绍 C#语言基础核心概念。

读者对象

本书作为 C#程序设计的入门级教程，面向无任何计算机语言基础和编程经验的初学者，适合作为非计算机专业学生的教材，同时可供 C#程序设计的编程新手作为软件开发学习用书。

编写目标

● 使读者可以掌握 C#语言基础核心概念，如：数据类型、程序基本结构、数组、方法，面向对象和 Windows 编程基础。

● 使读者具有较高水平的编程应用实践动手能力。针对实际问题，能够运用程序语言准确表达解决思路。

● 使编程语言初学者体会到计算机语言好学、有用、有趣。

主要内容

本书内容共 10 章，章节的内容安排大致可分为三大部分。

第 1~5 章为第一部分，主要介绍 C#语言基础知识，内容包括 C#语言和 Visual Studio 2019 简介、数据类型、输入输出、分支和循环、数组、函数。

第 6~9 章为第二部分，主要介绍 C#语言面向对象基础和 Windows 编程，重在介绍 C#语言高效强大的应用开发能力，内容包括面向对象基本概念（类、对象、属性、事件、方法）、Windows 编程基础（图形界面化程序开发的流程和程序结构）、C#程序语言作为高效强大开发工具的实际应用（多文档开发、菜单、通用对话框应用、图像和图像处理、Windows 编程常用事件的处理）。

第 10 章即第三部分，主要介绍自定义类，内容包括类的定义、属性和字段、自定义方法、构造和虚构函数、类的继承、类的扩展发布和应用。

编写特色

1. 力求使 C#入门更加容易

在 C#学习、应用开发和教学的过程中，一些 C#理论概念如抽象类、多态、运算符重载、委托等内容，被普遍认为理论性强，非常抽象，难以理解。而且在实际的应用系统开发中，这些内容也并非十分常用。而这些内容对于非计算机专业学生或零基础的初学者而言，难度很大，极易造成初学者因畏难情绪而丧失学习信心和兴趣。因此，本书摒弃了这样的介绍方法。作为一本入门性的教材，本书更侧重于C#的工具性，即作为一种编程工具，用于解决实际问题。本书通过解决具体实际问题的应用开发案例，希望使读者能体会到C#语言简单、好学、有用。

2．注重案例的实用性和趣味性

兴趣是最好的老师。教学案例应有一定的趣味性，难易适度，并且能紧密联系应用实际，这样，读者才能更清楚地看到所学知识可以用在哪里、怎么使用，对知识能有更深刻的感性认识，也才能更好地激发读者学习的兴趣。从这一思路出发，本书选取的案例有：计算器开发、多文档记事本的开发、画图、图像编辑（在图像上增加文本、彩色图像黑白化）、简单游戏编程等。这些案例紧密联系应用实际，知识点和案例紧密结合，难易适度，更能吸引读者。

3．弱化语法细节，在应用实例中介绍语法

C#语言语法简洁，应用非常灵活。为了使内容介绍简洁明了，本书不详细说明语法细节。例如：对于C#输出语句，其语句格式有多种，本书中只介绍了两种。而且并没有明确的语法格式说明，只是在具体的应用实例中展示其用法。对于其他类似的语法概念，本书同样采用在具体实例中应用的方法介绍。请读者注意这种语法讲授方式，在编写程序时具体的语法请注意参考书中的实例。

4．案例代码力求简捷

本书的任务是用读者易于理解的方法解释清楚要讲授的概念。因此，本书中编程案例实现的源代码尽量简捷，力求使初学者易于读懂。本书的案例讲授首先重点分析解决问题的思路，然后用程序代码表述解决问题的思路。源代码编写重在用简单的程序语言清楚地表达解决问题的思路。至于思路是否简捷、表达方法是否精炼优雅不是本书重点考虑范围。但请读者注意：在实际的应用开发中应尽量使解决问题的思路高效、简捷，程序源代码简捷、完善。

配套资源

本书配有案例代码、思考练习和习题答案、课件等，可以在中国铁道出版社有限公司的资源网站上下载，下载地址为：www.tdpress.com/51eds。

本书是笔者多年来讲解"C#程序设计"课程经验的总结。总体来看，对于非计算机专业或程序设计初学者而言，这样的内容选取可以更有效地调动读者的学习兴趣，更好地培养实际编程中的思维能力和动手能力。本书第1、2章由崔晓龙编写，第3章由张磊编写，第4～10章由武航星编写。由于编者水平所限，书中难免有不足之处，热切期望得到读者和专家的不吝指正，以使本书能进一步改善，不胜感激。

编者的电子邮件地址为：whx9711@163.com。

编　者

2020年6月

目　录

第 **1** 章
计算机语言
与C#集成开发环境

1.1 计算机语言

计算机语言是为了解决人和计算机的对话问题而产生的，并且随着计算机技术的发展而不断地发展和完善。计算机语言的发展经历了 3 个阶段。

第 1 阶段：机器语言，即二进制语言。这是直接用二进制代码指令表示的计算机语言，是计算机唯一能直接识别、直接执行的计算机语言。

例如：某种型号的微型计算机系统中表示"在累加器中存放数值 15，然后再加上数值 10，并将结果保存在累加器中"的代码为：

```
10110000  00001111
00101100  00001010
```

可以看出，机器语言对于人们而言难以理解、难以记忆并且编写中易于出错，但对于计算机而言，它的特点是占用内存少、执行速度快、效率高。这里值得注意的是，对于不同型号的计算机，其指令系统可能是不同的，因此在一台计算机上可执行的指令，在不同型号的另一台计算机上就可能不能被识别，所以称机器语言是面向机器的语言。

第 2 阶段：汇编语言。由于用机器语言编写程序时存在许多不足，为了克服这些缺点，产生了汇编语言。汇编语言是用一些助记符表示指令功能的计算机语言，其助记符和机器语言指令基本上是一一对应的，但它更便于记忆。例如，对于上面机器语言中用到的实例，用汇编语言可表示为：

```
MOV  A,15
ADD  A,10
```

这样，对人们来讲汇编语言比机器语言容易理解、便于记忆，使用起来方便多了。但对机器来讲，必须将汇编语言编写的程序翻译成机器语言程序，然后再执行。用汇编语言编写的程序一般称为汇编语言源程序，被翻译成的机器语言程序一般称为目标程序。将汇编语言源程序翻译成目标程序的软件称为汇编程序。汇编语言源程序的具体运行过程如图 1-1 所示。

虽然汇编语言比机器语言使用起来方便了许多，但是汇编语言是一种由机器语言符号化而成的语言，其指令和机器语言一一对应。因此，汇编语言和机器语言一样都是面向机器的语言。

1

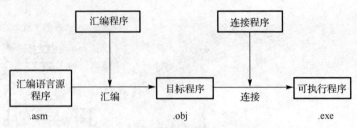

图 1-1　汇编语言源程序的运行过程

第 3 阶段：高级语言。为了克服机器语言和汇编语言依赖于机器、通用性差的缺点，从而产生了高级语言。高级语言是同自然语言和数学语言比较接近的计算机程序设计语言，其表达方式更接近人们对求解过程或问题的描述方式，而且与具体的计算机指令系统无关。例如，对于上述机器语言、汇编语言中的实例，用高级语言可表示为：

```
A = 15
A = A + 10
```

显然，高级语言更易被人们理解。但同样，高级语言必须先翻译为机器语言后，才可能被计算机识别并执行。目前，通常翻译的方式是编译。

编译是将用高级语言编写的源程序整个翻译成目标程序，然后将目标程序交给计算机运行。编译过程由计算机执行编译程序自动完成。在"编译"中，将高级语言源程序翻译成目标程序的软件称为编译程序。在编译完成后，目标程序虽然已是二进制文件，但还不能直接执行，还须经过连接和定位其他所需文档，生成可执行程序文件后，才能执行。用来进行连接和定位其他所需文档的软件称为连接程序。高级语言源程序具体的执行过程如图 1-2 所示。

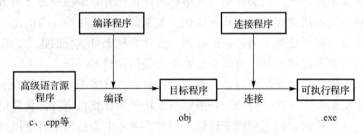

图 1-2　高级语言源程序的执行过程

目前，常用的高级语言有 C、C++、C#、Java、Visual Basic 等。

1.2　程序的执行过程

计算机系统组成结构如图 1-3 所示。输入设备、输出设备、内存储器和外存储器硬件分别对应键盘鼠标、显示器、内存和硬盘。运算器和控制器对应 CPU。可见，CPU 要处理的所有软件、程序、数据等都必须放到内存中，才能被 CPU 处理。

下面以熟悉的 Word 程序的运行为例，介绍计算机执行程序的基本过程。

Word 软件是安装在硬盘上的，必须先将 Word 软件程序和所需数据从硬盘读入到内存中，然后 CPU 再执行内存中的 Word 程序，并将执行结果通过内存输出到输出设备（显示器），这个输出结果就是我们看到的 Word 运行界面。当通过输入设备（键盘、鼠标）进行操作时，比如输入字符，输入的信息将首先被读入内存中，然后 CPU 再处理这些信息，并将处理结果通过内存输出到显示器，其结果就是我们看到的字符。此时输入的内容还保存在内存中，当计算机突然断电或意外重启时，内存中的内容会丢失。因此需要通过单击"保存"按钮，将内存中的信息输出保存到硬盘上。

采用 C#语言编写的程序也要保存在硬盘上，程序的执行将经历上述 Word 程序执行类似的过程。

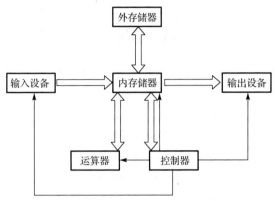

图 1-3　计算机系统组成结构图

1.3　C#语言和 C#程序集成开发环境

C#是微软公司在 2000 年 7 月发布的一种简单、安全、面向对象的程序设计语言，是微软专门为使用.NET Framework 平台而创建的。.NET Framework 平台是微软为应用程序开发而创建的一个具有革命意义的平台，该平台提供了一个非常大的代码库，提供了一系列的应用程序开发所需要的工具和服务。C#由 C 和 C++衍生而来，它继承了 C 语言的语法风格和 C++面向对象的特性。同时，它在继承 C 和 C++强大功能的同时去掉了它们的一些复杂特性。C#支持可视化编程和面向组件的编程，它使得程序员可以快速地编写各种基于.NET 平台的应用程序，极大地提高程序设计效率。它的应用领域非常广泛，例如：Windows 应用程序的开发（如 Microsoft Office）、各种 Web 应用的开发、多媒体系统开发等。

C#集成开发环境集成了功能强大的代码编辑、编译、运行、调试功能，以及可视化程序开发工具等，非常方便开发人员的使用。自 2000 年发布第一版后，C#已经发布了多个版本的集成开发环境 Visual Studio（简称 VS）。对于 C#语言的入门学习而言，各个版本差别不大。本书中采用的版本是 Visual Studio Community 2019（VS 2019），它是一款为学生、教师和开发人员提供的一个免费版本，它可以创建几乎所有的 C#应用程序，但在功能上相当于企业版和专业版的删节版本。Visual Studio 2019 是一款在线安装软件，可以在微软官方网站免费下载安装，具体安装步骤如下：

① 打开浏览器，输入网址：https://visualstudio.microsoft.com/zh-hans/vs/community/，登录 Visual Studio 官网，界面如图 1-4 所示。单击"下载 Visual Studio"按钮，即可下载 Visual Studio Community 2019。

② 在新弹出的图 1-5 所示的"新建下载任务"对话框中，若单击"下载"按钮可下载

安装程序；若单击"下载并运行"按钮，会在下载完成后自动运行安装程序。这里单击"下载并运行"按钮，则弹出图 1-6 所示的安装提示界面。

图 1-4　Visual Studio 官网界面

图 1-5　"新建下载任务"对话框

③ 单击"运行"按钮，在之后弹出的安装确认界面中依次单击"是"和"继续"按钮，弹出 Visual Studio Installer 对话框，如图 1-7 所示，开始下载和安装。Visual Studio Installer 是一个 Visual Studio 安装管理工具，安装完成后可通过该工具对已安装的 Visual Studio 进行修改，包括增加组件、修复、卸载等。

图 1-6　安装提示界面

图 1-7　Visual Studio Installer 安装界面

④ Visual Studio Installer 安装完成后，将弹出 Visual Studio Community 2019 安装界面，如图 1-8 所示。Visual Studio Community 2019 功能丰富，可在"工作负载"选项卡中选择需要安装的功能。此处选择".NET 桌面开发"选项，单击"安装"按钮，弹出 Visual Studio Community 2019 下载界面，如图 1-9 所示。

图 1-8　Visual Studio Community 2019 安装界面

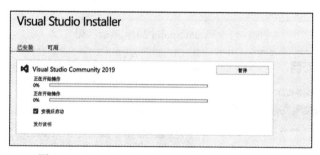

图 1-9　Visual Studio Community 2019 下载界面

⑤ 根据网速不同，安装过程大约需要 30 多分钟。安装完成后将弹出"需要重启"对话框，如图 1-10 所示。

图 1-10　"需要重启"对话框

⑥ 单击"重启"按钮，重新启动计算机，即可完成安装。此时计算机中已安装的程序中就会显示 Visual Studio 2019。运行安装好的 Visual Studio 2019 时，会要求用户注册。注册为免费注册，注册后即可永久正常使用 Visual Studio 2019。

1.4　创建第一个 C#程序——hello world!

1.4.1　创建控制台应用程序

在安装完成 Visual Studio 2019 后，在 Windows "开始"菜单中选择"所有程序"→Visual Studio 2019 选项，即可启动 Visual Studio 2019 集成开发环境，如图 1-11 所示。

选择"创建新项目"选项，弹出"创建新项目"对话框。在弹出的窗口中选择 C#语言、Windows 操作系统和"控制台应用（.NET Framework）"选项，如图 1-12 所示。单击"下一步"按钮，弹出"配置新项目"对话框，如图 1-13 所示。

图 1-11　Visual Studio 2019 初始界面

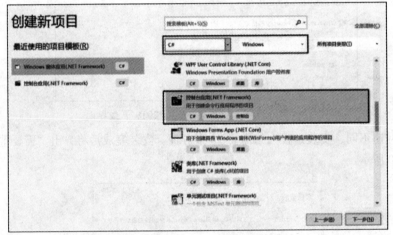

图 1-12　"创建新项目"对话框

图 1-13　"配置新项目"对话框

在"配置新项目"对话框中，可以设置项目名称、保存位置和解决方案名称。一个解决方案中可以包含多个项目，可以通过解决方案把多个项目相应的程序集组合到一起。这些值可以采用默认值，也可以自行设置。此处采用默认值。单击"创建"按钮，即可创建一个控制台应用程序。最终显示的界面即为 Porgram.cs 程序文件的编辑界面。在 Main 方法中输入如下代码：

```
Console.WriteLine("hello world!"); //输出 hello world!
Console.ReadKey();
```

即可完成"hello world!"程序的创建。最终 Program.cs 文件的内容如图 1-14 所示。

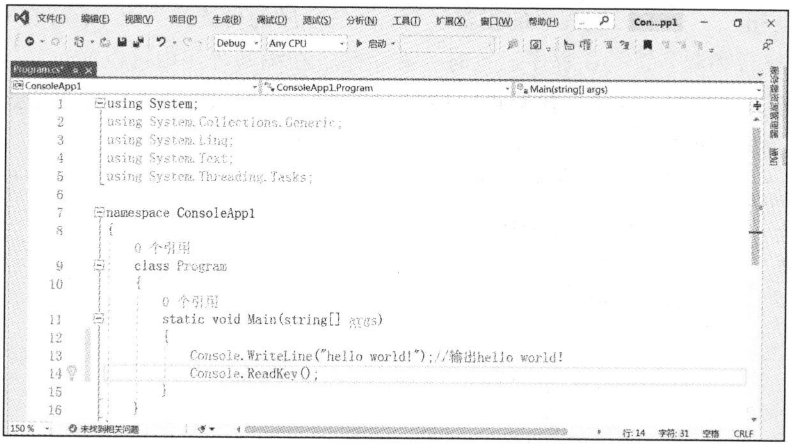

图 1-14　Program.cs 文件的编辑界面

单击菜单栏下方工具栏中的"启动"按钮 ▶ 启动▾，经过 1.2 节中介绍的程序执行过程，即由集成开发环境中的程序编译工具、连接工具分别完成编译、连接工作，生成一个可执行文件并运行，得到程序运行的结果。这时，可以看到控制台输出窗口中显示"hello world!"。

1.4.2　Program.cs 程序说明

1. 名称空间

名称空间即 namespace，是 Visual Studio 中使用的一种代码组织的形式，通过名称空间可以进行分类、区别不同的代码功能。各名称空间就像储存了不同类型物品的仓库，using 指令就好比打开仓库的钥匙。图 1-14 所示代码中的第 1～5 行引用了 5 个不同的名称空间。通过 using 指令引用具体的名称空间，程序才可以使用该名称空间内的所有功能。using 指令的指令形式为：

```
using  名称空间名;
```

2. Main 方法

Main 方法是程序的入口点。运行程序时，将从 Main 方法开始执行代码。一个 C#程序中只能有一个 Main 方法。

3. 注释

单行注释以符号"//"开始，用于对关键代码功能和含义进行说明，这些说明主要供程序员或阅读程序的人参考。当计算机运行程序时，对"//"以及本行中"//"以后的内容将忽略。注释多行代码可以通过在一段代码之前、之后分别输入"/*"和"*/"实现。"/*"和"*/"之间的所有内容都将被认为是注释语句。

在规模较大、持续时间较长的软件应用程序开发中，注释是很重要的。

4. 缩进格式

C#中以一对"{""}"的形式表示一个代码模块，模块中可以继续嵌套模块。为了使程序结构更加清晰，可读性更强，书写程序时相对应的一对"{"和"}"应垂直对齐，Visual Studio 2019 在每一级"{}"内的代码前都自动增加了缩进距离，注意保留该缩进。缩进距离就像写文章时每段首行要缩进一样，可以使文章结构更加清晰易读。初学者在编写程序时常常不注意程序格式的规范，虽然不影响程序的正常运行，但是程序的可读性大大下降。在C#语言中，换行、空格、空行和制表符等在程序运行时会被忽略，在编写程序中可以通过对这些符号的灵活运用，使程序结构更加清晰，代码可读性更强。图 1-15 所示为规范的缩进格式，图 1-16 所示为不规范的缩进格式。

```
Console. Write("a=")
int a=Int32.Parse(Console. ReadLine())
if (a>=90)
{
    Console.WriteLine("优秀")
}
else
{
    if (a>=80)
    {
        Console.WriteLine("良好")
    }
    else
    {
        if (a>=70)
        {
            Console.WriteLine("一般")
        }
        else
        {
            if (a>=60)
            {
                Console.WriteLine("差")
            }
            else
            {
                Console.WriteLine("不及格")
            }
        }
    }
}
```

图 1-15　规范的缩进格式

```
int a=Int32.Parse(Console.ReadLine());
if(a>=90)
{
    Console.WriteLine("优秀");
}
else
{
If (a>=80)
{
    Console.WriteLine("良好");
}
else
{
If (a>=70)
{
    Console.WriteLine("一般");
}
else
{
If (a>=60)
{
    Console.WriteLine("差");
}
else
{
    Console.WriteLine("不及格");
}
}
}
}
```

图 1-16　不规范的缩进格式

习题

思考题

1. 简述高级语言源程序的执行过程。

2. 简述计算机执行应用程序的过程。

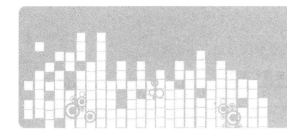

第 2 章
C#语法基础

在介绍 C#语言基础之前，我们先介绍一个简单的 C#程序的案例。

【例 2.1】新建一个控制台应用程序，并在 Main 方法中输入如下代码：

```
double r,l,s,v;                        //定义变量，保存半径、周长、面积、体积
Console.Write("请输入半径值: ");
r=Convert.ToDouble(Console.ReadLine());   //通过键盘输入，给半径 r 赋值
l=2*3.14*r;                            //计算周长
s=3.14*r*r;                            //计算面积
v=4d/3d*3.14*r*r*r;                    //计算体积
Console.WriteLine("周长:{0}, 面积:{1}, 体积:{2}",l,s,v);
                                       //输出周长、面积、体积
Console.ReadKey();
```

从注释中可以看出，这段代码实现的功能是：从键盘输入一个值，计算以该值为半径的圆的周长和面积、球体的体积。这个简单的程序中涉及了多个 C#中重要的基础语法和概念。

数据类型：2 为整数类型，3.14 为浮点数类型，"请输入半径值："为字符串型数据。

变量：r、l、s、v 是变量，它们的值会随着每一次输入值的不同而变化。

表达式：通过运算符对变量和常量进行运算，如：s = 3.14 * r * r。

输入和输出语句：实现从键盘输入值、将计算结果输出到屏幕等功能。

2.1 数据类型

在现实世界中，有各种不同类型的数据，例如：姓名使用文本型，如"李强"；年龄使用整数，如 20；精确的平均成绩使用小数，如 95.68。为了便于表示和处理现实中的数据，在计算机程序设计语言中相应地定义了各种不同类型的数据。C#中可以使用的数据类型如图 2-1 所示。此处介绍整数类型、浮点数类型、字符类型和布尔类型数据。

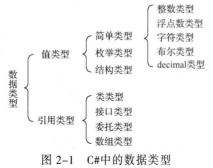

图 2-1　C#中的数据类型

2.1.1　整数类型

整数类型代表没有小数的整数数值，C#中的整数类型如表 2-1 所示。

表 2-1　C#中的整数类型

类　　型	字　节　数	值　的　范　围
sbyte	1，有符号 8 位整数	$-128 \sim 127$（$-2^7 \sim 2^7-1$）
byte	1，无符号 8 位整数	$0 \sim 255$（$0 \sim 2^8-1$）
short	2，有符号 16 位整数	$-32\ 768 \sim 32\ 767$（$-2^{15} \sim 2^{15}-1$）
ushort	2，无符号 16 位整数	$0 \sim 65\ 535$（$0 \sim 2^{16}-1$）
int	4，有符号 32 位整数	$-2\ 147\ 483\ 648 \sim 2\ 147\ 483\ 647$（$-2^{31} \sim 2^{31}-1$）
uint	4，无符号 32 位整数	$0 \sim 4\ 294\ 967\ 259$（$0 \sim 2^{32}-1$）
long	8，有符号 64 位整数	$-2^{63} \sim 2^{63}-1$
ulong	8，无符号 64 位整数	$0 \sim 2^{64}-1$

从表 2-1 可知，不同的数据类型所占用的内存存储空间是不同的，其表示的数据范围也是不同的。在程序设计中，具体数据类型的选取应该根据实际情况来确定。例如：处理小于 5 万的某大学学生人数宜采用 ushort 类型；处理某班级人数宜采用 byte 类型。当然，在上述两例中采用 long 型数据也是可以的，但缺点是同样的程序占用的内存存储空间大，而且数据所占位数更多，数据处理的效率会降低。

2.1.2　浮点数类型

浮点数类型又称为实数类型，是指带有小数部分的数值。C#支持的浮点数类型有单精度型（float）和双精度型（double），如表 2-2 所示。

表 2-2　C#中的浮点数类型

类　　型	字　节　数	值的范围（绝对值）
float	4，32 位单精度浮点数	0 以及 $1.5 \times 10^{-45} \sim 3.4 \times 10^{38}$
double	8，64 位双精度浮点数	0 以及 $5.0 \times 10^{-324} \sim 1.7 \times 10^{308}$

注意：在 C#中，对于浮点数若没有任何说明，如 1.4，则默认为 double 型。如果要指定 1.4 为 float 型，则需要在其后加上字符 "F" 或 "f"，如 1.4f。

2.1.3　字符类型

C#中用于处理字符的类型有：字符型（char）和字符串型（string）。

字符型用于处理单个字符型数据，该类型数据在内存中占 2 字节存储单元。字符型常量是用单引号括起来的一个字符，如：'x'、'y'、'z'。

字符串类型用于处理多个字符，字符串常量是用双引号括起来的一串字符，如："xyz"、"abc"、"人工智能"。

注意：字符型和字符串型的定界符有所不同，如'x'和"x"是不同类型的数据，前者为单个字符型数据，后者为字符串，两者在内存中的存储是不同的。

除上述常见形式的字符数据外，C#还支持一种特殊形式的以"\"开头的字符常量，用以实现特定的控制功能，这种形式的字符称为"转义字符"。顾名思义，可理解为"\"可以改变后面字符的含义。如"\a"改变了字符'a'的含义，而表示蜂鸣声。C#中常见的转义字符及其含义如表 2-3 所示。

表 2-3　C#中常见的转义字符及其含义

转 义 字 符	含　　义	转 义 字 符	含　　义
\'	单引号	\"	双引号
\\	反斜杠	\a	蜂鸣声
\n	换下一行	\r	重新回到行首部

例如：

```
Console.WriteLine("hello\nworld\n! \a\a\a");
```
则控制台输出窗口输出结果为：

```
hello
world
!
```
以及"滴滴滴"三声蜂鸣声。

2.1.4　布尔类型（bool）

布尔类型数据常用来存放各种逻辑判断的结果。布尔类型数据只有两个值，即 true 和 false，在内存中占 1 字节存储单元。

可以通过 sizeof 方法查看不同数据类型所占的内存大小，例如：

```
Console.WriteLine("int:{0}\nchar:{1}\nbool:{2}",sizeof(int),sizeof(char),
sizeof(bool));
```
输出结果为：

```
int:4
char:2
bool:1
```

2.2　变量和常量

2.2.1　变量

在例 2.1 中，r、l、s、v 是变量，它们的值会随着每一次键盘输入值的不同而变化。

1. 变量的定义

使用变量前，必须先定义变量。变量定义就是指定变量的类型和名称。在 C#中，定义变量由一个数据类型和若干个变量名组成，变量名之间用逗号分隔。

变量定义的语法格式为：

```
数据类型  变量名;
```
例如：

```
int a;
char x,y,z;
```

内存是由若干个存储单元组成的，每个存储单元可以存放 8 位二进制数（1 字节），这个数就是内存单元的存储内容。每个存储单元都有一个地址。内存可以比作一个巨大的宿舍楼，每个宿舍就是一个存储单元，宿舍号就是存储地址，住在宿舍中的学生就是存储内容。定义变量的实质是申请内存单元存放数据。数据类型确定了要申请的内存单元数。变量名实际上是一个以名字代表的存储地址，即分配到的内存单元的首地址。例如：int a=5;语句经编译后，变量 a 分配到的内存单元及数据存储如图 2-2 所示。如同访问某个学生时需要先找到宿舍号。要访问内存中的变量 a 时，需要先通过变量名找到该数据的存放地址，再根据数据类型（int）取出对应存储单元中的所有数据（4 字节数据）。

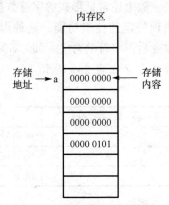

图 2-2　变量存储单元分配示意

2. 变量的初始化和赋值

定义变量时，可以对其进行初始化，即在每个变量名后直接赋值。例如：

```
int a=5;
string b="hello world!";
```

也可以先定义变量，再通过赋值语句赋值。已被赋值的变量可以赋值给其他变量。例如：

```
double x,y=9.99,z;        //先定义 x 和 z，后赋值；定义 y 的同时初始化
x=3.14;
z=y;                      //将 y 的值赋值给 z
```

3. 变量的命名

在 C#中，变量的命名规则如下：

① 变量名是区分大小写的。例如：语句 int x, X;定义了两个不同的变量 x 和 X。

② 变量名只能由数字、字母、汉字和下画线组成。

③ 变量的第一个符号不能是数字。

④ 不能使用 C#关键字作为变量名。

2.2.2　常量

常量即值固定不变的数据量。和变量相比，常量也有数据类型，需要分配存储空间，但是常量的值不能改变。因此，常量在定义的同时必须初始化。常量的定义格式为：

```
const 类型名 常量名=初始化值;
```

例如：

```
const  double  saleTax=0.03;
saleTax=0.05;                     //错误，常量值不可以修改
```

【例 2.2】将圆周率定义为常量，对例 2.1 进行修改。Main 方法中的代码如下：

```
const double PI=3.14;
double r,l,s,v;                   //定义变量保存半径、周长、面积、体积
Console.Write("请输入半径值: ");
```

```
r=Convert.ToDouble(Console.ReadLine());//通过键盘输入给半径 r 赋值
l=2*PI*r;                              //计算周长
s=PI*r*r;                             //计算面积
v=4d/3d*PI*r*r*r;                     //计算体积
Console.WriteLine("周长:{0}，面积:{1}，体积:{2}",l,s,v);
                                      //输出周长、面积、体积
Console.ReadKey();
```

　　从上例可以看出，使用常量的好处有两点。一是当某个固定的数据量在程序中多次使用时，将其定义为常量可以提高程序修改的效率。例如，上例中希望提高圆周率的精度，将其修改为3.14159，只需要修改常量定义初始化即可。当程序规模较大、有多人共同开发时，这种效率的提升更加明显。二是通过常量名的定义，用易于理解的常量名称替代了含义不明确的值，使程序更易于阅读。如：const double taxRate=0.03;，在代码中看到 taxRate 常量即可知该常量代表税率。

2.3　运算符和表达式

　　表达式由运算符和操作数组成。运算符确定对操作数进行什么样的运算，例如+、−、*、/ 等运算符；操作数包括常量、变量、表达式等。

　　根据运算符操作数的个数，运算符可以分为 3 类。

- 一元运算符：处理一个操作数，如−5。
- 二元运算符：处理两个操作数，如 5+6。
- 三元运算符：处理三个操作数。

　　根据运算符的操作性质，运算符可以分为算术运算符、赋值运算符、关系运算符、逻辑运算符和条件运算符等。

2.3.1　算术运算符和算术表达式

　　算术表达式由算术运算符和操作数组成。表 2-4 列出了常用算术运算符，并用简单的实例对其构成的表达式进行了说明。

表 2-4　常用算术运算符及示例

运　算　符	表　达　式　例	结　　　果
+	int x1,x2=3,x3=4;　　x1=x2+x3;	x1=7
−	int x1,x2=3,x3=4;　　x1=x2−x3;	x1=−1
*	int x1,x2=3,x3=4;　　x1=x2*x3;	x1=12
/	int x1,x2=3,x3=4;　　x1=x2/x3;	当两个操作数均为整数时，为整数除，x1=0
	float x1,x2=3f,x3=4f;　　x1=x2/x3;	x1=0.75
%	int x1,x2=3,x3=4;　　x1=x2%x3;	求余，x1=3
+	int x1,x2=3;　　x1=+x2;	一元运算符，x1=3
−	int x1,x2=3;　　x1=−x2;	一元运算符，x1=−3
++	int x1,x2=3;　　x1=++x2;	一元运算符，可理解为 x2=x2+1;　x1=x2;结果为 x1=4, x2=4
	int x1,x2=3;　　x1=x2++;	一元运算符，可理解为 x1=x2; x2=x2+1;结果为 x1=3, x2=4

续表

运 算 符	表 达 式 例	结 果
—	int x1,x2=3;　　x1=--x2;	一元运算符, 可理解为 x2=x2-1;　x1=x2; 结果为 x1=2, x2=2
—	int x1,x2=3;　　x1=x2--;	一元运算符, 可理解为 x1=x2; x2=x2-1; 结果为 x1=3, x2=2

2.3.2　赋值运算符和赋值表达式

赋值表达式通过赋值运算符为变量等元素赋新值。赋值运算符要求左边的操作数是可被赋值的元素, 如: 变量可以作为左操作数, 常量不可以作为左操作数。表 2-5 列出了常用的赋值运算符, 并用简单的实例对其构成的表达式进行了说明。

表 2-5　常用的赋值运算符及示例

运　算　符	表 达 式 例	结　　果
=	int x1;　　x1= 3;	x1=3
+=	int x1 =4;　　x1+= 3;	x1=7
-=	int x1 =4;　　x1-= 3;	x1=1
*=	int x1 =4;　　x1*= 3;	x1=12
/=	int x1 =4;　　x1/= 3;	x1=1
	float x1 =4f;　　x1/= 3;	x1=1.333
%=	int x1 =4;　　x1%= 3;	x1=1

2.3.3　关系运算符和关系表达式

关系表达式通过关系运算符实现对两个值的比较, 比较的结果为布尔类型, 表 2-6 列出了常用的关系运算符, 并用简单的实例对其构成的表达式进行了说明。

表 2-6　常用关系运算符及示例

运　算　符	表 达 式 例	结　　果
==	bool x1; int x2=3,x3=4;　　x1=x2==x3;	x1=false
!=	bool x1; int x2=3,x3=4;　　x1=x2!=x3;	x1=true
>	bool x1; int x2=3,x3=4;　　x1=x2>x3;	x1=false
<	bool x1; int x2=3,x3=4;　　x1=x2<x3;	x1=true
>=	bool x1; int x2=3,x3=4;　　x1=x2>=x3;	x1=false
<=	bool x1; int x2=3,x3=4;　　x1=x2<=x3;	x1=true

2.3.4　逻辑运算符和逻辑表达式

逻辑表达式通过逻辑运算符实现表达式之间的逻辑运算, 常用于与多个条件相关的逻辑判断。逻辑运算要求左操作数和右操作数必须为布尔类型, 运算结果也为布尔型类型。

常用的逻辑运算符有: 非(!)、与(&&)、或(‖)和异或(^)。

表 2-7 列出了这几种常用逻辑运算符的真值表。

表 2-7　常用逻辑运算符的真值表

a	b	a &&b	a||b	!a	a^b
false	false	false	false	true	false
false	true	false	true	true	true
true	false	false	true	false	true
true	true	true	true	false	false

2.3.5　条件运算符和条件表达式

条件运算符（？:）是 C#中唯一的三元运算符。条件表达式格式如下：

逻辑表达式?表达式 1:表达式 2

该表达式运算时，先计算逻辑表达式的结果，若结果为 true，则整个条件表达式的值为表达式 1 的值；若逻辑表达式的运算结果为 false，则整个条件表达式的值为表达式 2 的值。

【例 2.3】逻辑表达式示例。

```
int salary=8000;
double tax=salary>5000?(salary-5000)*0.05:0;
Console.WriteLine("tax={0}",tax);
```

本例中的条件表达式中，逻辑表达式为：salary> 5 000，表达式 1 为(salary-5 000)*0.05，表达式 2 为 0。该条件表达式运算时,先运算逻辑表达式 salary>5 000,判断工资是否大于 5 000。该逻辑表达式成立，所以条件表达式的值应为表达式 1 的值，即(salary-5 000)*0.05 的值，其值为 150。因此 tax 的最终值为 150。若 salary≤5 000，则 tax=0。

2.3.6　运算符的优先级

当一个表达式中有多个运算符时，表达式的求值顺序要根据优先级的顺序进行运算，先对高优先级运算符进行运算，再将运算结果用于低优先级运算符的运算。依次进行，直到得到表达式的最终结果。这类似于算术运算的"先乘除后加减"规则，也可以通过"（）"来改变优先次序。C#常用运算符优先级见表 2-8。表中，优先级自上而下依次降低，如果一个表达式中出现了同一个优先级的运算符，则运算顺序取决于运算符的结合性。

表 2-8　C#常用运算符优先级

运 算 符 组	运 算 符	优 先 级
基本运算符	（）	
一元运算符	+、-、!、++、--	
乘、除、求余	*、/、%	高
加、减	+、-	
比较运算符	<、>、<=、>=	
相等运算符	==、!=	
逻辑与	&&	
逻辑或	||	低
条件运算符	?:	
赋值运算符	=、+=、*=、/=、%=	

2.4 输入和输出语句

控制台应用程序运行中，经常需要从键盘输入一些数据，然后再根据输入的数据继续运行，得到最终结果，并将结果输出到显示屏上。

2.4.1 输入语句

在 C#中，常用的输入语句为 Console.ReadLine()。Console.ReadLine()是 Console 类（功能库）中的 ReadLine 方法（功能）。当程序运行到该输入语句时，用户可以从键盘输入一行字符串，并保存到程序中的字符串变量中。输入以回车符作为结束标志。该语句常用的用法为：

```
string s=Console.ReadLine();     // 从键盘输入字符串，保存到 s 中
```

前面的实例中多次出现的 Console.ReadKey()也可以接收键盘输入，其功能是获取用户的按键，并显示在控制台窗口中。在控制台应用程序中，该方法主要是用来暂停程序，观察程序运行结果。可以尝试在前面的实例中注释掉 Console.ReadKey()，观察运行结果，看看会发生什么。

2.4.2 输出语句

在 C#中，常用的输出语句为 Console 类中的 Write 和 WriteLine，其作用是向控制台窗口输出一个字符串。二者的区别是前者输出后不换行，而后者输出后换行。

【例 2.4】Console 类中的 Write 和 WriteLine 示例。

```
Console.Write("hello ");
Console.Write("world!");
Console.WriteLine("hello ");
Console.WriteLine("world!");
```

运行结果为：

```
hello world!hello
world!
```

使用 Write 或 WriteLine 方法输出字符串时，也可以根据需要在字符串中任意位置插入希望输出的表达式值。Write 或 WriteLine 方法有多种用法，非常灵活。以下通过实例介绍其常用的一种输出表达式的方法。

【例 2.5】常用输出表达式的方法。

```
string xh="61270009",xm="王新";
float yw=85,sx=96;
Console.Write("学号：{0}",xh);
Console.Write("姓名：{0}\n",xm);
Console.WriteLine("语文：{0},数学：{1},平均成绩：{2}",yw,sx,(yw+sx)/2);
```

该例中五行语句的运行结果为：

```
学号：61270009   姓名：王新
语文：85,数学：96,平均成绩：90.5
```

从上例可以看出，要在字符串某位置输出一个表达式值，只需在该位置插入{0}（表示此

处的值来自后面的表达式），并在字符串定界符结束处加逗号和表达式即可。在字符串中输出多个表达式的值，如例 2.5 第 5 行所示，只要在字符串中需要输出表达式值的位置插入{}并填入序号，然后将每个{}所对应的表达式增加在字符串后，中间以逗号分隔即可。这里要注意的是，{}中的编号从 0 开始，{}的数量必须和字符串后表达式的数量相同。

2.5　数据类型转换

在介绍数据类型转换之前，先考虑一个简单编程实例：从键盘输入一个整数，在控制台窗口输出该数的平方。

该实例需要建立控制台应用程序，并在 Main 方法中输入代码：

```
Console.Write("请输入一个数");
string s=Console.ReadLine();
Console.WriteLine("{0}的平方是: {1}",s,s*s);
```

运行程序。会发现程序报错。分析 C#集成开发环境界面下方的"错误列表"窗口，如图 2-3 所示。

图 2-3　"错误列表"窗口

观察图 2-3 中错误项的"说明"部分"运算符'*'无法应用于'string'和'string'类型的操作数"就可以发现原因。因为 Console.ReadLine()仅能从键盘输入字符串。从键盘输入123，其代表的是字符串"123"，值保存到字符串变量 s 中，而对于字符串类型的 s，用算数运算符"*"来运算，语法是错误的。

提示："错误列表"窗口是 C#集成开发环境中的一个非常重要的工具。通过强大的智能分析工具，可以发现程序中可能的出错位置和错误的可能原因。双击"错误列表"中的错误，即可以定位到程序文件中的相应位置，提示程序员修改。绝大多数的语法错误是可以通过错误列表的提示进行修改的。此外，在代码编写中，Visual Studio 2019 语法分析工具会实时进行代码语法分析，语法错误的代码会被加上红色波浪线，提示程序员修改。

如果希望得到所输入字符串对应的算数数据值，需要将字符串转换为数值，进行数据类型的转换。在程序中，经常需要把一种数据类型转换为指定类型，才可以正常运行，这就涉及不同数据类型之间的转换。C#中的数据类型转换可以分为两类：隐式转换和显式转换。

2.5.1　隐式转换

隐式转换是系统默认的，不需要做任何工作，也不需要编写代码。例如：

```
int a=100;
float b=a;
Console.WriteLine("{0}",b);
```

输出结果为 100，此处 int 型变量 a 的值被赋予 float 型变量 b，其中涉及数据类型的隐式转换过程。

不同数值类型之间有很多隐式转换。表 2-9 列出了编译器可以隐式执行的数值转换。简单数据类型中，bool 和 string 没有隐式转换。

表 2-9 编译器可以隐式执行的数值转换

类 型	可转换类型
byte	short、ushort、int、uint、long、ulong、float、double、decimal
sbyte	short、int、long、float、double、decimal
short	int、long、float、double、decimal
ushort	int、uint、long、ulong、float、double、decimal
int	long、float、double、decimal
uint	long、ulong、float、double、decimal
long	float、double、decimal
ulong	float、double、decimal
float	double
char	ushort、int、uint、long、ulong、float、double、decimal

从表 2-9 可以推断出隐式转换的规则是：任何类型 A，只要其取值范围完全包含在类型 B 的取值范围内，就可以隐式转换为类型 B。例如：byte 类型的取值范围是 0～255，short 类型的取值范围是 -32 768～32 767，因此，byte 类型可以隐式转换为 short 类型，而 short 类型不能隐式转换为 byte 类型。short 型数值 1 000 显然无法用 byte 型数据来存储。

思考：如果 short 型变量 a 的值为 100，并没有超出 byte 型变量的取值范围，是否可以转换为 byte 型？答案是肯定的，此时，可以通过显式转换的方式。

2.5.2 显式转换

显式转换就是在代码编写时，明确要求编译器把一种数据类型转换为另一种数据类型。显式类型转换也称为强制类型转换。显式数据类型转换使用()进行显式转换，()内为要转换为的类型。例如：

```
short a=100;
byte b=(byte)a;
Console.WriteLine("{0}",b);
```

输出结果为 100。代码中（byte）的含义即明确指出要将后面的变量 a 显式转换为 byte 类型。

显式转换不是可以任意进行的，彼此没有任何关系的数据类型之间是不能强制转换的。表 2-10 列出了编译器可以显式执行的数值转换。

表 2-10 编译器可以显式执行的数值转换

类 型	可转换类型
sbyte	byte、ushort、uint、ulong 或 char
byte	sbyte 或 char

续表

类　　型	可转换类型
short	sbyte、byte、ushort、uint、ulong 或 char
ushort	sbyte、byte、short 或 char
int	sbyte、byte、short、ushort、uint、ulong 或 char
uint	sbyte、byte、short、ushort、int 或 char
long	sbyte、byte、short、ushort、int、uint、ulong 或 char
ulong	sbyte、byte、short、ushort、int、uint、long 或 char
char	sbyte、byte 或 short
float	sbyte、byte、short、ushort、int、uint、long、ulong、char 或 decimal
double	sbyte、byte、short、ushort、int、uint、long、ulong、char、float 或 decimal
decimal	sbyte、byte、short、ushort、int、uint、long、ulong、char、float 或 double

思考：

① 在上例中删除（byte），观察运行结果。

② 在上例中将 a 的值改为 256，观察运行结果。

在思考②中，会发现输出结果为 0。原因是什么呢？因为数值在计算机内以二进制存储，用二进制来表示 255 和 256 就可以很清晰地看到问题产生的原因。

```
十进制        二进制
255          1111 1111
256        1 0000 0000
```

由于 byte 型只能保存 8 位，可存储的最大数为 255。所以 256 对应的二进制数的低 8 位被保存下来，即 0 被保存下来。这种显示转换会导致数据丢失，有时会造成严重的后果。显然在显式转换前最好能确认是否可能存在数据丢失。

一种稳妥的方式是在显式转换时使用关键字 checked，检测是否会有数据溢出。例如：

```
short a=256;
byte b=checked((byte)a);
Console.WriteLine("{0}",b);
```

运行这段程序时，会产生错误信息，提示"算数运算导致溢出"，程序员可以根据错误提示修改程序中存在的错误。

2.5.3　使用 Convert 类转换

除隐式转换和显式转换外，Convert 类是一个专门进行类型转换的类，提供了多种不同数据类型间的转换方法。表 2-11 列出了一些常用数据类型之间的转换方法、功能说明及应用实例。

表 2-11　常用数据类型间的转换方法、功能说明及应用实例

方　　法	说　　明	实　　例
ToInt32(数值字符串)	数值字符串 转换为 int 型	int a=Convert.ToInt32("128"); 结果为 a=128
ToDouble(数值字符串)	数值字符串 转换为 double 型	double a=Convert.ToDouble("128.123"); 结果为 a=128.123

方　　法	说　　明	实　　例
ToSingle(数值字符串)	数值字符串 转换为 float 型	float a=Convert.ToSingle("128.123"); 结果为 a=128.123
ToChar(整数型数值)	整型数 转换为 char 型	char a=Convert.ToChar(97); 结果为 a='a'
ToString(数值)	括号内数值 转换为 string 型	string a=Convert.ToString(−128.123); 结果为 a="−128.123"

2.5.4　数值和字符串之间的转换

数值和字符串之间的转换也可以使用 Parse 和 ToString 方法。

Parse 方法：将字符串转换为数值。

ToString 方法：将数值转换为字符串。

【例 2.6】数值和字符串之间的转换实例。

```
string a="12";
double b=double.Parse(a);      //b=12
int c=int.Parse(a);            //c=12
float d=123.456f;
a=d.ToString();                //a="123.456"
Console.WriteLine("a={0},b={1},c={2}",a,b,c);
输出结果为：
a=123.456,b=12,c=12
```

2.6　编程实例

【例 2.7】从键盘输入一个三位整数，输出该数百位、十位、个位上的数值。

编程思路：可以采用输入、处理、输出分别处理的方式，将一个问题的解决分解为多个步骤来实现。

输入：数据输入的常用语句为：string s=Console.ReadLine();。

处理：以目前所知简单的 C#基础知识，要处理输入数据得到结果数据，仅有数学表达式可用。需要注意的是，通过 Console.ReadLine();得到的输入数据是 string 类型的。要使用数学表达式进行处理，必须先将 string 型变量 s 转换为整型数，可以通过数据类型转换完成，语句：int x = Convert.ToInt32(s);。要从 x 得到其个、十、百位上的数值，由于定义的 x 是整形变量，可以使用整除（/）和求余（%）运算符处理，即：百位上的数值可通过对 100 整除得到；个位的数值可通过对 10 求余得到；十位的数值可通过对 10 整除再对 10 求余得到。

输出：使用 Console.WriteLine()输出百、十、个位上的数值。

建立控制台应用程序，Main 方法中的具体实现代码如下：

```
Console.Write("请输入一个三位数: ");
string s=Console.ReadLine();
```

```
int x=Convert.ToInt32(s);
int a,b,c;
a=x/100;
b=x/10%10;
c=x%10;
Console.WriteLine("百位: {0}\n 十位: {1}\n 个位: {2}",a,b,c);
Console.ReadKey();
```

运行结果为：

```
请输入一个三位数: 753
百位: 7
十位: 5
个位: 3
```

【例 2.8】根据输入的天气情况（是否晴天：yes/no）和作业情况（是否有作业：yes/no），判断并输出能否逛街。要求：天气晴并且无作业输出"轻松地逛街吧"，否则输出"好好学习吧！"。程序最终运行及输出的结果如下：

```
请输入天气情况。天晴吗? yes
请输入作业情况。有作业吗? no
轻松地逛街吧。
```

或者：

```
请输入天气情况。天晴吗? yes
请输入作业情况。有作业吗? yes
好好学习吧!
```

编程思路：

输入：要分别输入天气情况和作业情况，需要定义两个 string 型变量 tq 和 zy 保存输入的天气和作业情况。输入语句为：

```
string tq=Console.ReadLine();
string zy=Console.ReadLine();
```

处理：要将天气和作业情况作为条件，判断是"轻松地逛街吧。"还是"好好学习吧!"，可以用条件表达式（逻辑表达式?表达式 1:表达式 2）实现。根据题目要求，条件"天晴"可以表示为 tq=="yes"，没作业可以表示为 zq="no"，两个条件同时成立才可以"轻松地逛街吧。"，因此逻辑表达式需要将两个条件用逻辑与（&&）连接起来：tq=="yes" && zq=="no"。最终的条件表达式为：

```
tq=="yes"&&zq=="no" ? "轻松地逛街吧。" : "好好学习吧!"
```

通过该表达式，可以在两个输出中选择其中之一，得到输出结果。可以定义一个字符串变量保存得到的结果。

输出：使用 Console.WriteLine()输出保存结果的字符串变量。

考虑最终输出格式的要求，建立控制台应用程序，Main 方法中的具体实现代码如下：

```
Console.Write("请输入天气情况。天晴吗? ");
string tq=Console.ReadLine();        //定义变量 tq 接收和保存天气情况
Console.Write("请输入作业情况。有作业吗? ");
string zy=Console.ReadLine();        //定义变量 zy 接收和保存作业情况
```

```
string s;                           //定义变量 s 保存判断结果
s=tq=="yes"&&zy=="no"?"轻松地逛街吧。":"好好学习吧!";
Console.WriteLine(s);               //s 为字符串变量,可直接输出,无须 " "定界符
Console.ReadKey();
```

习题

一、选择题

1. 关于 C#语言中的变量名,以下说法正确的是( )。
　　A. 必须为字母　　　　　　　　　　B. 可以使用 int 作为变量名
　　C. _8Name 是正确的变量名　　　　　D. 可以是字母、数字或下画线的任意组合

2. 下面不正确的字符串常量是( )。
　　A. 'abc'　　　　B. "1212"　　　　C. "0"　　　　D. " "

3. 假设有 6 位有符号整型数据,则这种类型数据的取值范围为( )。
　　A. 0~255　　　B. -127~128　　　C. 0~64　　　D. -32~31

4. 若有定义: int a=7; float x=2.5f,y=4.7f;,则表达式 x+a%3*(int)(x+y)%2/4 的值是( )。
　　A. 2.5　　　　B. 2.75　　　　C. 3.5　　　　D. 0.00

5. 若有语句: int r=2; double v=4/3*3.14*r*r*r;,则 v 的值是( )。
　　A. 33.49333　　　　　　　　　　　B. 25.12
　　C. 0.0000　　　　　　　　　　　　D. 数据类型不一致,语法有误

6. 若有定义: int a=2, b=3;,则表达式 a!=b && b%a!=2 的结果为( )。
　　A. 3　　　　　　　　　　　　　　B. false
　　C. true　　　　　　　　　　　　　D. 数据类型不一致,语法有误

7. 若有定义: int a=2, b=3;,则表达式 a==b?b%a!=2:b%a==2;的结果为( )。
　　A. 1　　　　　　　　　　　　　　B. false
　　C. true　　　　　　　　　　　　　D. 数据类型不一致,语法有误

8. 能正确表示 a 和 b 同时为正或同时为负的表达式是( )。
　　A. (a>=0||b>=0)&&(a<0||b<0)　　　B. (a>=0&&b>=0)&&(a<0&&b<0)
　　C. (a+b>0)&&(a+b<=0)　　　　　　D. a*b>0

9. 若希望 A 的值为奇数时,表达式的值为"真",A 的值为偶数时,表达式的值为"假",则以下能满足要求的表达式是( )。
　　A. A%2==1　　B. A%2==0　　　C. !(A%2==1)　　D. !(A%2==0)

10. 有如下语句,则从键盘输入: 10,输出结果为( )。

```
int a=Convert.ToInt32(Console.ReadLine());
Console.WriteLine("{0}",(a%2!=0) ? "No" : "Yes");
```

　　A. 5　　　　　　B. 0　　　　　C. Yes　　　　D. No

二、编程题

1. 以某数据类型(如 int 型)为例,简述变量定义和赋值的意义,以及变量值的存取。

2. 分别定义布尔型、整型、单精度浮点型、双精度浮点型、字符型和字符串型变量;从

键盘为这些变量输入初始值；输出这些变量的值。假设变量名分别为 t、a、b、c、A、B，输出结果示例如下：t=true, a=3, b=3, c=3, A='3', B="科技大学"。

3. 如下程序段运行结果是什么？编写该程序段并运行，分析运行结果。

```
String s1="2.5",s2="15";
double x=Double.Parse(s1);
int y=Convert.ToInt32(s2);
Console.WriteLine("s1+s2={0}\nx+y={1}",s1+s2,x+y);
```

4. 从键盘输入一个浮点数，输出以此值为半径的圆周长、面积和球的体积。

5. 从键盘输入任意两个数，输出其和差积商的值。

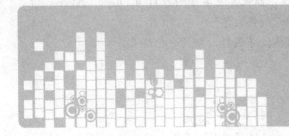

第 3 章
程序基本结构

顺序结构、分支结构和循环结构是高级程序设计语言中的基本程序流程控制结构。三种基本结构既保证了程序语言简洁高效，又可以实现所有的实际程序设计要求。三种结构缺一不可。

3.1 顺序结构

顺序结构是最简单的基本结构，即程序执行时按代码的编写顺序，从上到下依次执行。前面章节中的程序都是顺序结构程序。

【例 3.1】编写简单四则运算计算器。要求从键盘输入两个数值，输出其和、差、积、商。建立控制台应用程序，在 main 方法中输入代码如下：

```
Console.WriteLine("四则运算器");
Console.Write("请输入第一个数，x1=");
float x1;
x1=Convert.ToSingle(Console.ReadLine());
Console.Write("请输入第二个数，x2=");
float x2=Convert.ToSingle(Console.ReadLine());
Console.WriteLine("x1+x2={0}\nx1-x2={1}\nx1*x2={2}\nx1/x2={3}",
                            x1+x2,x1-x2,x1*x2,x1/x2);
Console.ReadKey();
```
程序运行结果为：
```
四则运算器
请输入第一个数，x1=3
请输入第二个数，x2=4
x1+x2=7
x1-x2=-1
x1*x2=12
x1/x2=0.75
```

3.2 分支结构

考虑一个问题：在例 3.1 的程序运行过程中，若第二个数输入为 0，将会有什么结果出现？

在实际的数学运算中，除以 0 是没有意义的。因此，可完善程序，根据 x2 的值判断是否计算 x1/x2。这就需要分支结构。分支结构可以根据条件进行判断，从而选择执行不同分支的语句，因此也称为选择性语句。根据分支结构的不同，可以分为单分支结构、双分支结构和多分支结构。

3.2.1　单分支结构

单分支结构的语法格式为：

```
if(条件表达式)
{
    语句序列;
}
```

单分支结构的流程图如图 3-1 所示。

因为右侧的分支等同于没有作用，因此称为单分支。单分支结构程序执行时，首先判断条件表达式的值，如果为 true，则执行对应的语句序列；否则，跳过语句序列。

提示：注意语法格式，if 后的条件表达式要用 "()" 括起来；语句序列用 "{}" 括起来；当语句序列仅有一行语句时，"{}" 可以省略；语句序列中每行代码以 ";" 结束，"()" 和 "{}" 后无 ";"。

【例 3.2】完善例 3.1，当除数为零时不计算商。

建立控制台应用程序，Main 方法中的代码如下：

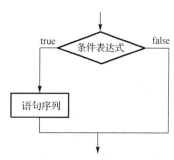

图 3-1　单分支结构的流程图

```
Console.WriteLine("四则运算器");
Console.Write("请输入第一个数,x1=");
float x1=Convert.ToSingle(Console.ReadLine());
Console.Write("请输入第二个数,x2=");
float x2=Convert.ToSingle(Console.ReadLine());
Console.WriteLine("x1+x2={0}\nx1-x2={1}\nx1*x2={2}",x1+x2,x1-x2,x1*x2);
if(x2!=0)
        Console.WriteLine("x1/x2={0}",x1/x2);
Console.ReadKey();
```

代码分析：此程序运行过程中，输入非零 x2 时，单分支条件表达式 x2 != 0 的值为 true，因此执行单分支语句序列 Console.WriteLine("x1/x2={0}",x1/x2);，计算并输出 x1/x2 的值；当输入 x2 为 0 时，x2 != 0 的值为 false，因此单分支语句序列 Console.WriteLine("x1/x2={0}",x1/x2);，将被跳过，避免无意义的除零运算。需要注意的是，当单分支语句序列仅有一行语句时，"{}" 可以省略，如本例。Console.ReadKey();语句并不属于单分支语句序列。

3.2.2　双分支结构

例 3.2 中虽然避免了无意义地除零，但是当输入 x2 为 0 时，仅仅输出了加、减、乘的结果，与输出的标题"四则运算器"不能很好地匹配。因此希望对程序进一步完善，当 x2 为 0 时，输出提示信息："警告：除数为零!"。这种情况下，就需要双分支结构。

双分支结构的语法格式为：

```
if (条件表达式)
{
    语句序列 1;
}
else
{
    语句序列 2;
}
```

双分支结构的流程图如图 3-2 所示。

双分支结构程序执行时，首先判断条件表达式的值，如果为 true，则执行对应的语句序列 1；否则，执行语句序列 2。

【例 3.3】四则运算器程序完善。当输入 x2 为 0 时，提示警告信息。

建立控制台应用程序，Main 方法中的代码如下：

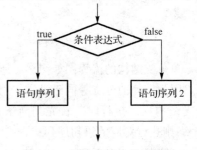

图 3-2 双分支结构的流程图

```
Console.WriteLine("四则运算器");
Console.Write("请输入第一个数, x1=");
float x1=Convert.ToSingle(Console.ReadLine());
Console.Write("请输入第二个数,x2=");
float x2=Convert.ToSingle(Console.ReadLine());
Console.WriteLine("x1+x2={0}\nx1-x2={1}\nx1*x2={2}",x1+x2,x1-x2,x1*x2);
if(x2!=0)
    Console.WriteLine("x1/x2={0}",x1/x2);
else
    Console.WriteLine("警告: 除数为零! ");
Console.ReadKey();
```

【例 3.4】有分段函数如图 3-3 所示。编写程序，从键盘输入 x，计算 y 的值并输出。

此例是一个典型的双分支结构，其判断条件为 x 是否小于 1，然后根据判断条件选择其中一个分支，运算表达式得到 y 的值。

$$y=\begin{cases} 2*x-5 & x<1 \\ 2*x & x\geqslant 1 \end{cases}$$

图 3-3 分段函数 1

建立控制台应用程序，Main 方法中的代码如下：

```
Console.Write("请输入 x:");
float y,x=Convert.ToSingle(Console.ReadLine());
if(x<1)
{
    y=2*x-5;
    Console.WriteLine("y=2*x-5={0}",y);
```

```
    // Console.WriteLine("y=2*x-5={0}",2*x-5;);
    //不定义 y，直接输出表达式 2*x-5 值亦可以
}
else
{
    y=2*x;
    Console.WriteLine("y=2*x={0}",y);
}
Console.ReadKey();
```

【例 3.5】登录判断程序。假设用户名为 ustb，登录密码为 123456。编写程序，当输入用户名和密码都对时，输出"欢迎登录"；否则输出"用户名或密码错误！"

编程思路：此例将输入的登录信息作为判断条件，输出两种情况中的一种，可以用双分支结构处理。

输入：要分别输入用户名和密码，输入语句为：

```
string yhm=Console.ReadLine();
string mm=Console.ReadLine();
```

处理：将登录信息是否正确作为判断条件表达式。登录信息正确包括用户名正确（条件表达式：yhm=="ustb"）、密码正确（条件表达式：mm=="123456"）。因此，此双分支结构的条件表达式为：

```
yhm=="ustb" && mm="123456"
```

输出：根据登录信息条件表达式判断结果，选择双分支中的一个输出："欢迎登录"或"用户名或密码错误！"。

建立控制台应用程序，Main 方法中的代码如下：

```
Console.Write("请输入用户名: ");
string yhm=Console.ReadLine();
Console.Write("请输入用户密码: ");
string mm=Console.ReadLine();
if(yhm=="ustb" && mm=="123456")
    Console.WriteLine("欢迎登录");
else
    Console.WriteLine("用户名或密码错误! ");
Console.ReadKey();
```

3.2.3　分支结构的嵌套

双分支中每个分支中的语句序列可以根据需要编写任意多行代码。当分支中的语句序列中包含分支结构时，就形成了分支结构的嵌套。内嵌分支可以是单分支、双分支或多分支结构，例如：

```
if(条件表达式)
{
    if(条件表达式)
    {
        语句序列 1;
    }
    else
    {
        语句序列 2;
    }                          内嵌分支
}
else
{
    if(条件表达式)
    {
        语句序列 1;
    }
    else                       内嵌分支
    {
        语句序列 2;
    }
}
```

【例 3.6】有分段函数如图 3-4 所示。编写程序，从键盘输入 x，计算 y 的值并输出。

编程思路：可以将分段函数先按双分支处理，即 x<1 和 x≥1 两个分支。对于 x<1 分支，显然 y=2*x-5；对于 x≥1 分支，则可以再次分解为两个分支，即：1≤x<10 分支和 x≥10 分支。该处理思路的流程图如图 3-5 所示，在双分支结构的右侧分支中嵌套了一个双分支结构，通过分支的嵌套，实现了一个三分支结构。

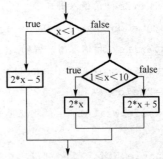

$$y = \begin{cases} 2*x-5; & x<1 \\ 2*x; & 1 \leqslant x<10 \\ 2*x+5; & x \geqslant 10 \end{cases}$$

图 3-4　分段函数 2　　　　　　　　图 3-5　例 3.6 处理流程图

建立控制台应用程序，Main 方法中的代码如下：

```
Console.Write("请输入 x: ");
float y,x=Convert.ToSingle(Console.ReadLine());
if(x<1)
    y=2*x-5;
else
{
```

```
    if(x<10)
        y=2*x;
    else
        y=2*x+5;                    内嵌分支
}
Console.WriteLine("y={0}",y);
Console.ReadKey();
```

代码分析：在这该段代码中，注意思考内嵌双分支结构条件表达式的表达。流程图中的嵌套分支的条件表达式为 $1 \le x < 10$，此处应注意此类条件的表达语法，初学者易犯错误。正确的语法应该将该条件分为两个条件，分别是 $x \ge 1$ 和 $x < 10$。两个条件同时成立即为"$x \ge 1$ && $x < 10$"。但最终的代码中只有 $x < 10$ 一个条件，为什么？通过分析图 3-5 的入口分支的条件表达式可以看到：$x < 1$ 不成立，程序转向右侧内嵌分支，此时必然有 $x \ge 1$。因此，在内嵌分支的条件表达式中省略了该条件。当然，增加该条件程序也没有错误，但是运行时会多了一步无用的条件判断。

思考：此例中亦可以先将 $x \ge 10$ 和 $x < 10$ 作为两个分支，再将 $x < 10$ 的处理作为内嵌分支。请读者练习完成此思路。

【例 3.7】根据输入的学生成绩，判断并输出成绩等级。

100～90：输出成绩优秀；

89～80：输出成绩良好；

79～70：输出成绩中等；

69～60：输出成绩较差；

60 以下：输出不及格。

编程思路：多分支的情况可以通过双分支结构的多层嵌套实现。

通过多层嵌套，此例的最终代码如下：

```
Console.Write("请输入成绩: ");
float x=Convert.ToSingle(Console.ReadLine());
if(x>=90)
    Console.WriteLine("优秀");
else
{
    if(x>=80)
        Console.WriteLine("良好");
    else
    {
        if(x>=70)
            Console.WriteLine("中等");
        else
        {
            if(x>=60)
                Console.WriteLine("较差");
            else
                Console.WriteLine("不及格");
```

```
        }
    }
}
Console.ReadKey();
```

此例中包含有多层嵌套，在代码书写时注意正确的缩进格式，使程序结构清晰，可读性强。

3.2.4 多分支结构

如例 3.7 所示，虽然多分支的情况可以通过双分支多次嵌套的方式处理，但代码显得不够简洁。多分支结构可以让程序看起来更加简洁。C#实现的多分支结构语法如下：

```
if(条件表达式1)
{
    语句序列1;
}
else if(条件表达式2)
{
    语句序列2;
}
…
else if(条件表达式n)
{
    语句序列n;
}
else
{
    语句序列n+1;
}
```

多分支结构的流程图如图 3-6 所示。

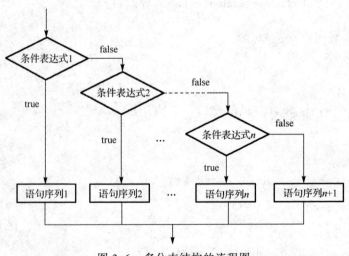

图 3-6 多分支结构的流程图

执行多分支结构时，依次判断条件表达式的值，找到第一个值为 true 的条件表达式，就

执行该条件表达式对应的语句序列，结束多分支结构。若所有条件表达式的值都为 false，则
执行 else 对应的语句序列 $n+1$。

【例 3.8】例 3.7 所示编程实例采用多分支结构实现的代码如下：

```
Console.Write("请输入成绩: ");
float x=Convert.ToSingle(Console.ReadLine());
if(x>=90)
    Console.WriteLine("优秀");
else if(x>=80)
    Console.WriteLine("良好");
else if(x>=70)
    Console.WriteLine("中等");
else if(x>=60)
    Console.WriteLine("较差");
else
    Console.WriteLine("不及格");
Console.ReadKey();
```

3.2.5　switch 语句

switch 语句也可以实现多分支选择结构。switch 语句的语法为：

```
switch(表达式)
{
    case 常量表达式1:
        语句序列1;
        break;
    case 常量表达式2:
        语句序列2;
        break;
    …
    case 常量表达式n:
        语句序列n;
        break;
    default:
        语句序列n+1;
        break;
}
```

switch 循环结构的流程图如图 3-7 所示。

switch 语句执行时，先计算 switch 后的表达式的值，再同多个 case 语句中的常量表达式
进行匹配，如果表达式的值等于其中的一个常量表达式值，则执行对应的语句序列，再执行
break 语句，结束 switch 结构的执行。若所有 case 语句的常量表达式均不匹配，则执行 default
对应的语句序列，结束 switch 语句。

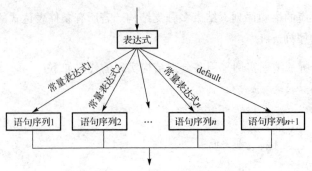

图 3-7　switch 分支结构的流程图

说明：

① 通常情况下，每个 case 分支下必须有 break 语句。

② case 分支对应的语句序列可以省略，意味着该 case 分支不做任何操作。

③ case 分支对应的语句序列和 break 语句可以同时省略，意味着该 case 分支将执行和下一个 case 分支相同的语句序列。

if...else 多分支和 switch 语句比较，if 多分支每次判断一个条件表达式，进行多次判断，每次判断的条件表达式是不同的。switch 语句计算一个表达式的值，再与多个值进行比较。switch 语句中的表达式和常量表达式的运算结果均为固定值，因此，switch 语句只能判断离散值，如 2、3、4 等，而不能做类似 x>2 的判断。

【例 3.9】用 switch 语句实现例 3.8，根据成绩输出成绩等级。

建立控制台应用程序，在 Main 方法中的具体代码如下：

```
Console.Write("请输入成绩: ");
float x=Convert.ToSingle(Console.ReadLine());
switch((int)x/10)
{
    case 10:
    case 9:
        Console.WriteLine("优秀");
        break;
    case 8:
        Console.WriteLine("良好");
        break;
    case 7:
        Console.WriteLine("中等");
        break;
    case 6:
        Console.WriteLine("较差");
        break;
    default:
        Console.WriteLine("不及格");
        break;
}
Console.ReadKey();
```

代码分析：由于 switch 语句只能通过表达式匹配离散值来选择多分支中的一支，因此本例编程实现中的关键是如何将"x>=90"和"x>=80"这样的 if 多分支表达式转化为适合 switch 语句表达的形式。示例代码中第 3 行代码中(int)x/10 即实现该转化。对于任意输入的成绩 x，首先通过显式强制类型转换(int)x 得到成绩的整数部分再利用整数除法"/"，通过整除 10，即可将 0～100 分中的任意值转换为 0～10 之间的对应整数，从而适合 switch 语句的表达方式。

注意：上述代码中，case 10 分支对应的语句序列和 break 语句同时省略，表示 case 10 分支和 case 9 分支执行完全相同的操作。

3.3　循环结构

在现实生活或软件应用开发中，经常需要对某些事情或代码进行多次重复处理执行。例如，根据学号，计算一名学生的平均成绩。如果要得到 100 名同学的平均成绩，则单个学生平均成绩的处理程序需要重复执行 100 次。此时，循环结构就必不可少了。C#中的循环结构有：for 循环、while 循环和 do...while 循环。

3.3.1　for 循环

for 循环语句的语法格式为：

```
for(初始化表达式;条件表达式;迭代表达式)
{
    循环体语句序列;
}
```

for 循环结构的流程图如图 3-8 所示。

for 循环语句的执行过程为：首先执行初始化表达式。初始化表达式通常用于对循环控制变量的设置；然后判断循环条件是否成立，从而决定是否执行循环体语句序列，即：运算条件表达式，值为 true，则进入循环体，执行循环体语句序列；否则，直接退出 for 循环。在每一次执行循环体语句序列后，将自动执行迭代表达式。迭代表达式常用于操作循环控制变量，使循环控制变量的值随着每一次循环的进行不断改变，最终，逐渐地使循环条件不成立，从而可以退出 for 循环。

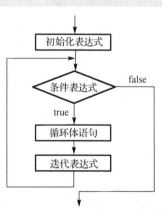

图 3-8　for 循环结构的流程图

【例 3.10】用 for 循环计算 1+2+3+…+100 的值。
建立控制台应用程序，在 Main 方法中输入如下代码。

```
int sum=0;                    //定义变量保存结果
for(int i=1;i<=100;i++)
{
    sum=sum+i;
}
Console.WriteLine("1+2+…+100={0}",sum);
Console.ReadKey();
```

代码分析：在本例的 for 循环语句中，循环初始表达式中定义了循环控制变量 i，并初始化为 1。循环执行条件为 i≤100。迭代表达式为 i++，即每执行循环体一次，控制变量 i 加 1，从而可以保证循环体被重复执行 100 次。控制变量初始值为 1，每次循环后增加 1，循环 100 次，循环控制变量的值正好从 1 变化到 100，因此，控制变量的值正好可以用来作为每次递增的求和数。最终当控制变量的值增加到 101 时，循环执行条件 i≤100 将不成立，程序退出 for 循环。在 for 循环执行的整个过程中，控制变量 i 和变量 sum 在每次循环结束之后值的变化如图 3-9 所示。通过分析这些变量值的变化，可以进一步理解和体会 for 循环语句的执行过程。

循环次数	i	sum
0	1	0
1	2	1
2	3	3
3	4	6
...	...	...
100	101	5050

图 3-9　控制变量 i 和变量 sum 值的变化过程

【例 3.11】输出所有的水仙花数。水仙花数是指一个 3 位数，它的每个位上的数字的 3 次幂之和等于它本身。

建立控制台应用程序，在 Main 方法中输入如下代码。

```
int a,b,c;                     //定义变量保存百、十、个位
for(int i=100;i<1000;i++)
{
    a=i/100;
    b=i/10%10;
    c=i%10;
    if(i==a*a*a+b*b*b+c*c*c)
        Console.WriteLine("水仙花数: {0}",i);
}
Console.ReadKey();
```

代码分析：通过 for 循环遍历 100～999 之间的所有三位数。在每次循环中得到三位数的百、十、个位数值，并判断其立方和是否等于三位数本身。若等于，则输出该水仙花数。

3.3.2　while 循环

while 循环的语法格式为：

```
while(条件表达式)
{
    循环体语句序列；
}
```

while 循环结构的流程图如图 3-10 所示。

while 循环语句结构及语法相对简单，需要注意的有两点。一是要进入循环执行循环体语句，条件表达式首次运算的值应为 true。因此，在 while 循环之外应有一条语句，设置循环的初始条件，保证循环正常开始，否则，将不能进入（开始）循环。二是在循环体内部，应包含语句，可以使循环条件随着循环体的反复执行逐渐趋向于不成立，从而可以正常结束循环。否则循环将无限次进行，而形成死循环。

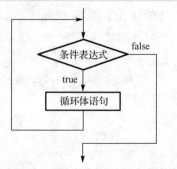

图 3-10　while 循环结构的流程图

【例 3.12】用 while 循环计算 1+2+3+…+100 的值。

建立控制台应用程序，在 Main 方法中输入如下代码。

```
int i=1,sum=0;
while(i<=100)
{
    sum+=i;
    i++;
}
Console.WriteLine("1+2+…+100={0}",sum);
Console.ReadKey();
```

代码分析：注意循环体外部的 i=1 语句，保证了循环初始条件成立，可进入循环。循环体内部的语句 i++，保证了循环控制变量 i 不断增加，直到 i≤100 不成立，循环可正常退出。

【例 3.13】有一对兔子，从出生后 3 个月起每个月都生一对兔子。小兔子长到第 3 个月又生一对兔子。假设所有兔子都不死，那么第 30 个月时有多少对兔子？

解决思路：此问题实际上是 Fibonacci 数列问题。问题的解决需要从前几个月的兔子数规律推出后面月份兔子数的一般表达式。表 3-1 中列出了前几个月兔子数的变化。从中可以得到每月兔子总对数的变化规律为：1、2 月份均只有一对，此后的每个月的兔子总对数都是前两个月兔子总对数的和，即 n3=n1+n2，n4=n3+n2，n5=n4+n3……这样的表达可以用循环很好地解决。

表 3-1　例 3.13 解题思路

月　　数	小兔子对数	中兔子对数	老兔子对数	兔子总对数
1	1	0	0	1
2	0	1	0	1
3	1	0	1	2
4	1	1	1	3
5	2	1	2	5
6	3	2	3	8
7	5	3	5	13
…	…	…	…	…

建立控制台应用程序，在 Main 方法中输入如下代码。

```
int n1=1,n2=1,n3=0;
int i=3;                    //从 3 月份开始计算
while(i<=30)
{
    n3=n1+n2;
    n1=n2;
    n2=n3;
    i++;
}
Console.WriteLine("第{0}个月的兔子对数为：{1}",i-1,n3);
Console.ReadKey();
```

代码分析：定义变量 n3、n2、n1 分别表示当前月份、上一个月、上两个月份的兔子数。n2、n1 初始化为 1，表示第一个月、第二个月的兔子数。由于 C#集成开发环境语法分析工具不允许使用未赋值的局部变量，不给 n3 赋初值将报错，因此，代码中 n3 被初始化赋值为 0。有关局部变量的内容将在后续章节介绍。此后的每次循环中，i 值表示月份值，每次计算前两个月的兔子对数和，保存在当前月份兔子总对数 n3 中（n3=n1+n2）。然后更新 n1 和 n2 的值，使之分别为最近上两个月的兔子总对数（n1=n2；n3=n1+n2），为计算下一个月的兔子数做好准备。循环结束时，输出月份值和兔子总对数。注意输出的月份值应为 i-1，请思考和分析控制变量 i 和月份的关系以及循环退出时 i 的值。

3.3.3 do...while 循环

do...while 循环的语法格式为：

```
do
{
    循环体语句序列；
} while(条件表达式);
```

do...while 循环结构的流程图如图 3-11 所示。

do...while 循环语句的执行过程是：先执行循环体语句一次，再判断循环条件表达式是否成立，若成立，再次执行循环体，再次判断循环条件，依次进行下去，直到条件表达式不成立，结束循环执行。

【例 3.14】用 do...while 循环计算 1+2+3+…+100 的值。

建立控制台应用程序，在 Main 方法中输入如下代码。

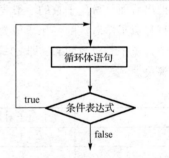

图 3-11　do...while 循环结构的流程图

```
int sum=0,i=1;
do
{
    sum+=i;
    i++;
} while(i<=100);
Console.WriteLine("1+2+...+100={0}",sum);
Console.ReadKey();
```

代码分析：注意 while (i <= 100);语句中 ";" 不可少；循环体内对控制变量的操作 i++是循环控制的关键语句，保证了循环的正常退出。

3.3.4 跳转语句：break、continue、goto

以上介绍的都是根据事先指定的循环条件正常执行和终止的循环。但有时当出现某种情况时，需要提早结束正在执行的循环操作，这时可以通过 break、continue 和 goto 语句等来实现对循环运行的控制。

1. break 语句

在前面的 switch 语句中，break 语句用于结束 switch 结构。在循环体中，break 语句也可以用于跳出循环，结束循环的运行。

【例 3.15】某公司在全体员工 2 000 人中开展众筹项目，欲筹款 1 000 万元。编写程序，实时显示众筹数据。要求输入筹到每一笔资金时，显示当前为第几笔筹款和当前已筹到的总的资金。当筹集总资金大于或等于 1 000 万元时，结束众筹活动。

程序运行结果如下：

```
第 1 笔: 当前众筹总资金: 10 万元。
第 2 笔: 当前众筹总资金: 18 万元。
第 3 笔: 当前众筹总资金: 30 万元。
…
第 n 笔: 当前众筹总资金: 1003 万元。
众筹活动结束。
```

编程思路：显然需要用循环处理。此处以 for 循环为例。由于每次筹到的资金数不定，所以循环的准确次数无法确定。假设每名员工都参加众筹活动，循环次数可以设置为最大值 2 000。在循环中通过判断众筹总资金，当大于等于 1 000 万元时，用 break 语句跳出循环，终止循环的运行。

建立控制台应用程序，Main 方法中的具体实现代码如下：

```
Console.WriteLine("          某众筹项目数据统计");
float sum=0;
for(int i=1;i<=2000;i++)
{
    Console.Write("请输入筹集资金: ");
    sum+=Convert.ToSingle(Console.ReadLine());
    Console.WriteLine("第{0}笔: 当前众筹总资金: {1}万元\n",i,sum);
    if(sum>=1000)
    {
        Console.WriteLine("众筹活动结束。");
        break;
    }
}
Console.ReadKey();
```

代码分析：程序运行中，每次循环都要显示当前为第几笔和总资金，因此需要两个变量来保存这两个值。每次循环中，循环控制变量正好可以表示第几笔，因此，可以通过循环控制变量 i 来显示第几笔。定义了 float 型变量 sum 保存筹集到的总资金。注意，在定义 sum 时要赋初始值 0，否则语法自动分析会报错，程序无法运行。其原因是 sum 是局部变量。有关局部变量的知识将在后面介绍。

语句：

```
sum+=Convert.ToSingle(Console.ReadLine());
```

和

```
float a=Convert.ToSingle(Console.ReadLine());
sum+=a;
```

效果相同，但前者无须定义变量，语句也更加简洁。

程序设计中注意输出时格式控制和提示信息，尽量使输出表达清晰，格式整齐美观。例如本例中增加了输出标题，通过标题字符串前增加空格使标题醒目；每次循环输出时，在字符串尾部增加了转移字符 "\n" 换行，使显示更加清晰。

2. continue 语句

continue 语句用于循环体中，其作用是结束本次循环的执行，开始下一次循环。

【例 3.16】在上例中，如果要保证全员参与，要求每人参与众筹的资金不能大于 100 万元，若超过 100 万元则输出 "超过 100 万元，无效数据"，并进入下一次筹集。请完善上例程序。

编程思路：在此例循环中，每次输入众筹资金后，需要判断该次众筹资金是否超过 100 万元，当不超过 100 万元时，统计并输出结果，此时执行流程和上例基本相同。当该次众筹资金超过 100 万元时，后面的统计总资金并输出的工作就不必再进行，应当提示众筹无效，并开始下一次众筹。因此需要跳过后面的统计并输出的代码。此时可以通过 continue 语句实现。

建立控制台应用程序，Main 方法中的具体实现代码如下：

```
Console.WriteLine("          某众筹项目数据统计");
float n=0,a,sum=0;
for(int i=1;i<=2000;i++)
{
    Console.Write("请输入筹集资金: ");
    a= Convert.ToSingle(Console.ReadLine());
    if(a>100)
    {
        Console.WriteLine("超过 100 万元，本次众筹无效。\n");
        continue;
    }
    n++;
    sum+=a;
    Console.WriteLine("第{0}笔: 当前众筹总资金: {1}万元\n",n,sum);
    if(sum>=1000)
    {
        Console.WriteLine("众筹活动结束。");
        break;
    }
}
Console.ReadKey();
```

代码分析：上例中每次循环中完成一次众筹，循环控制变量正好可以表示当前为众筹第几笔。但本例中，由于单次众筹金额的限制，每次循环中并不一定能完成一次众筹，因此不能再简单地用循环控制变量来表示当前为第几笔众筹。程序中新定义了变量 n 表示众筹次数，n 初始值为 0，每次有效众筹后 n 加 1。由于每次要对本次众筹资金数进行判断，判断后才能决定该数据是否有效，因此需要保存该数据，程序中定义了变量 a 保存每次的众筹资金。

思考：

① 语句 float n=0,a,sum = 0;中，变量 a 在定义时可以不赋初始值，而变量 n 和 sum 必须赋初始值，为什么？

② 如果要给 a 赋初始值，应该赋值为多少？

③ 如果 a 赋初始值 100，程序运行结果是否正确？

3. goto 语句

goto 语句可以实现代码的直接跳转。在 C#中，允许给代码行加上标签，这样就可以使用 goto 语句直接跳转到相应的标签行。该语句优缺点并存：优点是这是控制代码执行的一种简单、简洁方式；缺点是过多使用 goto 语句将使代码晦涩难懂。

标签的定义方式如下：

```
标签名:
```

goto 语句的用法为：

```
goto 标签名;
```

【例 3.17】计算 1+2+3+…+100 的值。

建立控制台应用程序，Main 方法中的具体实现代码如下：

```
int i=1,sum=0;
x1:
    sum+=i;
    i++;
    if(i>100)
        goto x2;
    goto x1;
x2:
    Console.WriteLine("1+2+…+100={0}",sum);
    Console.ReadKey();
```

请读者自行分析本例代码，按照程序执行顺序，一步一步分析各个变量值的变化情况，体会程序的执行过程。

3.3.5　无限循环

循环结构的应用中，如果循环条件或循环控制变量设置不当，则循环结构有可能永远不能退出，形成无限循环。无限循环也称为死循环。例如：

```
int i=1,sum=0;
while(i<=100)
    sum+=i;
Console.WriteLine("1+2+…+100={0}",sum);
```

这段代码中的 while 循环就是一个无限循环，因为循环控制变量 i 的值永远是 1，循环条件 i≤100 永远成立。因此，程序设计中应注意避免无限循环的发生。

但有时，无限循环结构也是有用的，可以在循环体内部某条件成立时，通过 break 语句终止该无限循环。

【例 3.18】有 sum=$1^2+3^2+5^2+\cdots+n^2$。编程求解使 sum≥10 000 成立的最小 n 值。

编程思路：类似于求 1+2+3+…+100，此例需要用循环结构处理，但循环的次数显然是未知的，此时可以编写无限循环结构，连续计算奇数的平方和，在循环体内部根据 sum 的值，使用 break 语句终止循环。

建立控制台应用程序，Main 方法中的具体实现代码如下：

```
int  sum=0;
for(int i=1;true;i+=2)
{
    sum+=i*i;
    if(sum>=10000)
    {
        Console.WriteLine("n:{0},sum:{1}",i,sum);
        break;
    }
}
Console.ReadKey();
```

代码分析：编写无限循环结构，只需要保证循环条件表达式的值永远为 true 即可。常见的无限循环代码是直接设置循环控制条件表达式为常量 true。本例中 for (int i = 1; true; i += 2) 即设置 for 循环控制条件表达式为常量 true。这样编写代码形式上比较特殊，但语法是没有问题的。从本质上分析，判断是否执行循环体的依据就是条件表达式是否成立，即条件表达式的值是 true 还是 false。此处设置条件表达式的值为常量 true，即意味着条件永远成立。同样，while(true){...}亦为语法正确的无限循环。此外，类似 for (int i=1;i<2; i--){...}的代码也可以表示无限循环结构。

【例 3.19】编写程序，完成功能：从键盘输入一个数，输出该数的平方根。重复该过程，直到输入字符串"exit"时结束程序。

编程分析：要反复输入数据，求输入数据的平方根并输出可用循环处理。而本例循环次数显然是不确定的，可用无限循环结构处理。由于每次输入都有可能是"exit"，因此，每次输入数据后，不能简单地直接对输入数据计算平方根，而应该判断本次输入是否为字符串"exit"，如果是，则结束循环；否则，计算输入数的平方根。

建立控制台应用程序，Main 方法中的具体实现代码如下：

```
for(;true;)
{
    Console.Write("请输入要计算的数值: ");
    string s=Console.ReadLine();
    if(s=="exit")
    {
        Console.WriteLine("程序运行结束。按任意键退出! ");
        break;
    }
    else
```

```
{
    float a=Single.Parse(s);
    Console.WriteLine("{0}的平方根是: {1}",s,Math.Sqrt(a));
}
}
Console.ReadKey();
```

代码分析： 本例中的 for 循环结构为 for(;true;) {...}的形式，C#每行代码以"；"结束，本例中 for 循环结构的初始化表达式和迭代表达式语句缺省，即等价于仅有"；"的一行语句。需要执行初始化和迭代表达式时，由于语句为空，因此，什么也不执行。但是，若省略"；"则是语法错误。此处注意体会语法要求，程序设计中必须按语法要求编写程序。输出使用了 Math.Sqrt(a)，即调用了系统 Math 功能库（类库）中的 Sqrt（求平方根）方法，计算 a 的平方根。

思考： 程序运行中如输入数据是数值和"exit"之外的数据，输出结果是什么？若输入负数，输出结果是什么？修改程序，使之完善。

3.3.6 循环嵌套

循环结构中循环体语句序列部分可以是任意语句，如果循环体语句序列中包含另外一个循环结构，就形成了循环的嵌套。循环体语句序列部分包含其他循环结构的循环结构称为外循环；被包含的循环结构称为内循环。循环结构的嵌套可以是多重的，即内循环的循环体语句序列可以继续包含其他循环结构，从而形成循环的多重嵌套。循环嵌套结构的执行过程是：外循环执行一次，内循环执行一遍。例如，双层嵌套的 for 循环结构流程图如图 3-12 所示。

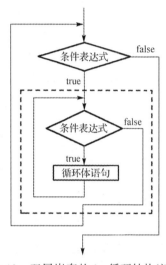

图 3-12 双层嵌套的 for 循环结构流程图

【例 3.20】 分析以下代码的运行结果。

```
for(int i=1;i<5;i++)
{
    for(int j=1;j<=i;j++)
    {
        Console.Write("*");
    }
    Console.WriteLine();
}
Console.ReadKey();
```

代码分析： 这是一个 for 循环构成的双重循环嵌套结构，内循环和外循环体的语句功能比较简单。每执行一次内循环的循环体语句序列 Console.Write("*");，则不换行地在控制台窗口输出字符串"*"一次。外循环的循环体执行一次，除执行内循环一遍外，还要再执行 Console.WriteLine();语句一次，即执行换行输出语句一次。本例分析的关键在于内、外循环的执行次数。在每次执行内循环时，由于内循环的循环条件是 j≤i，内循环的循环体语句序列执行的次数是随着i的变化而变化的。外循环控制变量i值、内循环控制变量j值的变化以及内循环、外循环语句序列每执行一次的输出如表3-2所示。

表3-2　变量变化及输出结果过程分析

i	j	内循环输出	外循环输出
1	1	*	*
2	1	*	* *
	2	*	
3	1	*	* * *
	2	*	
	3	*	
4	1	*	* * * *
	2	*	
	3	*	
	4	*	

可知，本例代码最终将在控制台窗口输出由"*"字符串组成的如下的直角三角形图形。

```
   *
  *  *
 *  *  *
*  *  *  *
```

注意：在代码阅读和分析中，当代码中有循环嵌套等类似的具有多变量，并且变量值随着程序运行不断变化的情况，运用表3-1的形式有助于清晰、准确地分析和理解代码。

思考：参考本例编写程序，在控制台窗口输出"九九乘法表"。

【例 3.21】编程求解百钱百鸡问题。公元前五世纪，我国古代数学家张丘建在《算经》一书中提出了百钱百鸡：鸡翁一值钱五，鸡母一值钱三，鸡雏三值钱一，百钱买百鸡，问鸡翁、鸡母、鸡雏各几何。

编程思路：本例可应用穷举算法来求解。穷举算法也称为暴力穷举算法，就是利用计算机强大的运算能力，对需要解决问题的所有可能情况逐一验证，找出符合条件的解。分析本例，由于鸡总数和钱总数的限制，可知公鸡数量变化范围为0～20，母鸡数量变化范围为0～33，小鸡数量变化范围为0～100。穷举法就是对公鸡、母鸡和小鸡数量的所有组合进行验证，如果满足条件，即为正确的解。代码实现中，可以通过三重嵌套对公鸡、母鸡和小鸡的所有数量进行排列组合，即穷举。当公鸡、母鸡和小鸡数量满足两个条件时，即为正确解，第一个条件是百鸡，即公鸡、母鸡和小鸡数量和为100；第二个条件是百钱，即三者价格总和为100。

建立控制台应用程序，Main方法中的具体实现代码如下：

```
for(int i=0;i<=20;i++)
    for(int j=0;j<=33;j++)
        for(int k=0;k<=100;k++)
            if(i+j+k==100&&5*i+3*j+k/3f==100)
                Console.WriteLine("公鸡，母鸡，小鸡：{0} {1} {2}\n",i,j,k);
Console.ReadKey();
```

代码分析：代码中三层循环的循环体语句均为完整的语法模块，因此语法中的一对"{}"省略。其代码与如下代码完全等价。

```
for(int i=0; i<=20; i++)
{
    for(int j=0; j<=33; j++)
    {
        for(int k=0; k<=100; k++)
        {
            if(i+j+k==100 && 5*i+3*j+k/3f==100)
                Console.WriteLine("公鸡, 母鸡, 小鸡: {0} {1} {2}\n",i,j,k);
        }
    }
}
```

由于表示小鸡数量的变量 k 为 int 型，k/3 为整数除，则 6/3 与 7/3 结果相同，因此为了得到准确的解，使用了 3f 指定该数据类型为 float 型。

程序运行效率是评价代码优劣的重要指标，代码运行效率可以从空间复杂度和时间复杂度分析。空间复杂度即代码在运行中所占用的内存空间的大小；时间复杂度即代码运行所用时间的长短。程序运行时通常希望尽量占用较少内存空间，却能用较快速度完成代码执行。在本例中，时间复杂度主要是循环次数。若不考虑"百钱"的限制，则公鸡、母鸡和小鸡的数量将都在 0～100 之间变化，则代码中 i、j、k 的最大值均变为 100，此时最内层循环体的运行次数为 101×101×101，执行次数将远远大于代码中的 21×34×101 次。显然本例中的代码执行效率更高。事实上仔细分析该问题，本例代码依然可以改进提高。

改进 1：小鸡的数量必然是 3 的倍数，所以其对应的第三层循环的迭代表达式可以为：k+=3，则可以将循环次数缩减到原次数的三分之一。

改进 2：当公鸡数 i 确定后，剩余钱数 100−5×i 决定了母鸡的数量不可能超出(100−5×i)/3，因此，可以用(100−5×i)/3 作为母鸡数的最大值取代 33，从而提高代码效率。例如：i=18 时，第二层循环只需要执行 3 次，远远小于原先的 33 次。

改进 3：当公鸡和母鸡数量 i 和 j 确定时，小鸡的数量其实也应该是确定的 100−i−j，第三层循环可以去掉。

最终，可以改进代码如下：

```
for(int i=0; i<=20; i++)
    for(int j=0; j<=(100-5*i)/3; j++)
        if(5*i+3*j+(100-i-j)/3f==100)
            Console.WriteLine("公鸡, 母鸡, 小鸡: {0} {1} {2}\n",i,j,100-i-j);
Console.ReadKey();
```

改进后，程序循环执行次数减少，运行效率得到提高。

3.4　编程实例

【例 3.22】某综艺节目中，A、B 两队依次轮流猜一条鱼的重量，要求精确到克。每次猜测后，若猜测不对，则提示："大了"或"小了"；如猜测准确则赢得比赛。编写程序，模拟此节目。

提示：鱼的重量可以用生成随机数替代，代码如下：

```
Random ran=new Random();
int num=ran.Next(100,2000);    //产生值在[100,2000)之间的一个随机数
```

编程思路：程序中要反复输入猜测值，然后判断是否猜中，应该使用循环结构。由于猜的次数不确定，可能1次猜中，也可能100次才猜中，所以可以用无限循环结构，当猜中时使用跳转语句break结束循环。循环体部分要输入猜测值，再根据猜测值判断是"大了"、"小了"或"猜中"，使用三分支结构可以实现。

建立控制台应用程序，Main方法中的具体实现代码如下：

```
Random ran=new Random();
int num=ran.Next(100,2000);
while(true)
{
    Console.Write("输入猜测的重量: ");
    int w=int.Parse(Console.ReadLine());
    if(w>num)
        Console.WriteLine("大了");
    else if(w<num)
        Console.WriteLine("小了");
    else
    {
        Console.WriteLine("恭喜，你赢了。");
        break;
    }
}
Console.ReadKey();
```

【例3.23】编写程序，实现"石头剪刀布"猜拳游戏，与计算机猜拳，三局两胜。

编程思路：每次出拳要完成的任务都是：计算机和玩家出拳、判定输赢并计分。要多次出拳，可以通过循环结构实现。考虑到平局的情况，出拳的次数是不定的，可以用无限循环结构处理。计算机在石头、剪刀、布三者之间随机出拳，程序设计中可以转化为在三个数的范围内随机生成一个数，例如用1、2、3分别代表石头、剪刀、布。玩家出拳通过键盘输入实现。玩家和计算机出拳后要根据多种可能的出拳情况判定输赢，可以通过多分支结构实现判断。每次循环中出拳后输赢要计分，需要设置两个变量分别保存计算机和玩家的得分。任意一方积分到2时，游戏结束，可以用break语句终止循环。

建立控制台应用程序，Main方法中的具体实现代码如下：

```
Random ran=new Random();
int num,a=0,b=0;            //num:计算机出拳; a、b: 计算机、玩家得分
string s;                   //玩家出拳
while(true)
{
    num=ran.Next(1,4);      //在[1,3]之间产生一个随机数，模拟计算机出拳
    Console.Write("玩家请出拳: ");
    s=Console.ReadLine();
```

```
    if(num==1&&s=="石头")
        Console.WriteLine("computer:player  {0}:{1}  {2}:{3}","石头",s,a,b);
    else if(num==1&&s=="剪刀")
        Console.WriteLine("computer:player  {0}:{1}  {2}:{3}","石头",s,++a,b);
    else if(num==1&&s=="布")
        Console.WriteLine("computer:player  {0}:{1}  {2}:{3}","石头",s,a,++b);
    else if(num==2&&s=="剪刀")
        Console.WriteLine("computer:player  {0}:{1}  {2}:{3}","剪刀",s,a,b);
    else if(num==2&&s=="布")
        Console.WriteLine("computer:player  {0}:{1}  {2}:{3}","剪刀",s,++a,b);
    else if(num==2&&s=="石头")
        Console.WriteLine("computer:player  {0}:{1}  {2}:{3}","剪刀",s,a,++b);
    else if(num==3&&s=="布")
        Console.WriteLine("computer:player  {0}:{1}  {2}:{3}","布",s,a,b);
    else if(num==3&&s=="石头")
        Console.WriteLine("computer:player  {0}:{1}  {2}:{3}","布",s,++a,b);
    else if(num==3&&s=="剪刀")
        Console.WriteLine("computer:player  {0}:{1}  {2}:{3}","布",s,a,++b);
    else
        Console.WriteLine("出拳错误！重新再来");
    if(a==2)
    {
        Console.WriteLine("你输了！");
        break;
    }
    else if(b==2)
    {
        Console.WriteLine("你赢了！");
        break;
    }
}
Console.ReadKey();
```

代码分析：由于每次循环时计算机和玩家都需要重新出拳，因此，要注意本例代码中生成随机数的语句应该在循环体内部。

思考：扩展程序，在每次输赢后可选择再来一次或退出。即：当一次输赢后提示是否再来一次，如："是否再来一次，按【y】键再来一次，按【n】键结束退出程序"。若按【y】键则重新三局两胜；按【n】键结束程序。

习题

一、填空题

1. 已知有 int x=10, y=20, z=30;语句，以下语句执行后 x, y, z 的值分别是_____。

```
if(x>y)
    z=x;x=y;y=z;
```

2. 以下程序输出的结果是_____。

```
int a=45;
if(a>50)    Console.Write(a);
if(a>40)    Console.Write("{0}",a);
if(a>30)    Console.Write(a);
```

3. 执行下面一段程序后的输出是_____。

```
int a=1,b=3,c=5,d=4,x;
if(a<b)
    if(c<d)
      x=1;
    else
      if(a<c)
        if(b<d)
            x=2;
        else
            x=3;
    else x=6;
else x=7;
Console.WriteLine("x={0}",x);
```

4. 下面这段程序运行后的输出结果是_____。

```
char grade='B';
switch(grade)
{
    case 'A':Console.WriteLine(">=85");break;
    case 'B':
    case 'C':Console.WriteLine(">=65");break;
    case 'D':Console.WriteLine("<60"); break;
    default: Console.WriteLine("不及格");break;
}
```

5. 执行以下程序，若输入 1988，程序运行的结果为_____。若输入 1989，则结果为_____。

```
int year;
bool leap;
year=Convert.ToInt32(Console.ReadLine());
if(year%4!=0)    leap=false;
else if(year%100!=0)    leap=true;
else if(year%400!=0)    leap=false;
else
    leap=true;
if(leap)
    Console.WriteLine("{0}年是闰年",year);
else
    Console.WriteLine("{0}年不是闰年",year);
```

6. 下面这段程序运行后的输出结果是_____。

```
int i,s=0;
```

```
for(i=1;i<=100;i++)
{
  if(i%5==0)
    continue;
    s=s+i;
}
Console.WriteLine("s={0}",s);
```

7. 下面这段程序运行后的输出结果是_____。

```
int a=2,b=7,c=5;
switch(a>0)
{
    case true:
        switch(b<0)
        {
            case true: Console.Write("@");
                break;
            case false:
                Console.Write("!");
                break;
        }
        break;
    case false:
        switch(c==5)
        {
            case true:
                Console.Write("*");
                break;
            case false:
                Console.Write("#");
                break;
            default:
                Console.Write("#");
                break;
        }
        break;
    default:
        Console.Write("&");
        break;
}
```

8. 下面这段程序运行后的输出结果是_____。

```
int i=1,k=19;
while(i<5)
{
    k-=3;
    if(k%5==0)
    {
```

```
        i++;
        continue;
    }
    else if(k<5)
        break;
    i++;
}
Console.Write("i={0},k={1}\n",i,k);
```

9. 下面这段程序运行后的输出结果是_____。

```
int y=10;
do
{
    y-=3;
}while(--y);
Console.Write("{0}",y--);
```

10. 下面这段程序运行后的输出结果是_____。

```
int a=1,b=10;
do
{
    b-=a;
    a++;
    }while(b--<0);
Console.WriteLine("a={0},b={1}",a,b);
```

11. 以下程序段的执行结果是_____。

```
int a,y;
a=10;y=0;
do
{
    a+=2;
    y+=a;
    Console.WriteLine("a={0},b={1}",a,y);
    if(y>20)
        break;
} while(a<=17);
```

12. 下面这段程序运行后的输出结果是_____。

```
int i,sum=0;
for(i=0;i<6;i+=2)
    sum+=i;
Console.WriteLine("sum={0}",sum);
```

13. 以下程序的输出结果是_____。

```
int i,f1=1,f2=1;
for(i=0;i<4;i++)
  {
        Console.Write("{0} {1}",f1,f2);
        f1+=f2*2;
```

```
        f2+=f1*2;
    }
```

14. 以下程序的输出结果是_____。

```
int a,b;
for(a=1,b=1;a<=100;a++)
{
    if(b>=20)
        break;
    if(b%3==1)
    {
        b+=3;
        continue;
    }
    b-=5;
}
Console.WriteLine("a={0}",a);
```

15. 以下程序的输出结果是_____。

```
int i;
for(i=1;i<=3;i++)
{
    if(i%2!=0)
        Console.Write("*");
    else
        continue;
    Console.Write("%");
}
Console.WriteLine("&");
```

16. 以下程序运行后的输出结果是_____。

```
int i=10,j=0;
do
{
    j=j+i;
    i--;
}while(i>4);
Console.WriteLine("{0}",j);
```

17. 以下程序的输出结果是_____。

```
int x=10,y=10,i;
for(i=0;x>i;y=--x)
{
    i+=2;
    Console.Write(" {0} {1}",x,y);
}
```

18. 以下程序的输出结果是_____。

```
int i,j,x=0;
for(i=0;i<2;i++)
```

```
{
    x++;
    for(j=0;j<=3;j++)
    {
        if(j%2!=0)
            continue;
        x++;
    }
    x++;
}
Console.WriteLine("x={0}",x);
```

19. 以下程序的输出结果是_____。

```
int i,j,n=0;
for(i=0;i<2;i++)
    for(j=0;j<2;j++)
        if(j>=i)
            n++;
Console.WriteLine("{0}",n);
```

20. 下面这段程序运行后的输出结果是_____。

```
int x,i;
for(i=1;i<=100;i++)
{
    x=i;
    if(x%2==0)
        if(x%3==0)
            if(x%7==0)
                Console.Write("{0}",x);
}
```

二、编程题

1. 编写程序，从键盘输入一个年份，判断该年份是否为闰年，并输出判断结果。

2. 定义整型变量a、b、c分别存放从键盘输入的3个整数。编写程序，按从大到小排列这3个数，使a成为最大值，c成为最小值，并且按序输出这3个数。

3. 从键盘输入一个小于4位的正整数，判断它是几位数，并按照相反的顺序输出各位上的数字，例如输入 1234，输出为 4321。（要求用分支实现）

4. 假设今天是星期日，编写一个程序，求 n（n 由键盘输入）天后是星期几。

5. 从键盘输入 3 个数作为边长，依次判断是否可以组成三角形、是否为等腰三角形、是否为等边三角形。若可以组成三角形，计算并输出其面积。

6. 有分段函数：

$$y=\begin{cases}x^2-2x+8 & (x<-20)\\ \sin(x) & (-20<x<0)\\ \cos(x) & (0\leq x<40)\\ x^3-x^{0.5} & (40\leq x)\end{cases}$$

编程输入 x 的值，输出对应的 y 值。要求采用双分支语句实现。

7. 对于上题中的分段函数，请采用多分支语句编程实现功能。

8. 从键盘输入一个数值代表星期几，根据输入的数值，判断并输出是星期几。

要求用 switch 语句实现。例如输入 1，则输出 "星期一"；输入 9，则输出 "输入有误"。

9. 某停车场执行 "按车型阶梯收费"，大型车第 1 小时收费 10 元，此后每小时递增 3 元；但最高不超过每小时 30 元。小型车第 1 小时收费 6 元，此后每小时递增 2 元，但最高不超过每小时 20 元。请编写程序，根据输入的车型和停车小时数，计算相应的停车费。

10. 有一堆零件（100～200 个之间），如果分成 4 个零件一组的若干组，则多 2 个零件；若分成 7 个零件一组，则多 3 个零件；若分成 9 个零件一组，则多 5 个零件。编写程序求这堆零件的总数。

11. 把 316 表示为两个加数的和，使两个加数分别能被 13 和 11 整除。编程输出满足条件的两个加数。

12. 从键盘输入数值，输出其平方根，直到输入 exit 为止，并结束程序。编程实现该功能。

13. 从键盘上输入 6 个学生的英语成绩，统计并输出最高成绩、最低成绩、平均分和总分。要求输入的值在 0～100 之间，若输入错误则提示 "输入有误，重新输入"。

14. 从键盘输入任意长度的整数，输出这个整数有多少位，并将这个整数逆序输出。例如，输入 123456，则输出结果为 "6 位数，逆序数为：654321"。

15. 输出 100～1000 之间的所有素数，输出要求每 5 个一行，最后输出所有素数的个数和素数总和。

16. 编程计算 1000～2000 之间最大的 5 个素数的和。

17. 输出 100～1200 中能被 3 整除，且至少有一个数字是 5 的所有数。

18. 已知 a>b>c>0，a、b、c 为整数，且 a+b+c<100，编程输出满足 $1/a^2+1/b^2=1/c^2$ 的所有 a、b、c 组合。

19. 编程输出以下图形。

```
                  1
                1 2 1
              1 2 3 2 1
            1 2 3 4 3 2 1
          1 2 3 4 5 4 3 2 1
        1 2 3 4 5 6 5 4 3 2 1
```

20. 编程输出九九乘法表如下所示。

```
1*1=1
1*2=2  2*2=4
1*3=3  2*3=6  3*3=9
..........
```

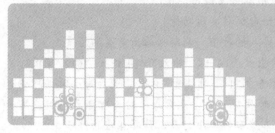

第 4 章

数组和字符串

设计一个程序，将 5 个人某门课程的成绩输入计算机，输出平均成绩、最高分、最低分。显然，要定义 5 个数值型变量来保存 5 个人的成绩，例如 "float a1,a2,a3,a4,a5;"。但是如果要统计某门课程所有同学（如学习高等数学课程的 1 000 名同学）的平均成绩、最高分、最低分，这样定义多个变量的方法就行不通。这时就需要使用数组。

数组是一组相同类型的数据变量的集合。数组中的变量称为数组的元素，数组中的每个元素都具有唯一索引（下标），通过下标可以访问数组元素。数组元素的下标从 0 开始。数组能够容纳的元素的数量称为数组长度。数组在使用前必须先定义。

数组可以分为一维数组、二维数组和多维数组，下面将对一维数组和二维数组进行介绍。

4.1 一维数组

4.1.1 一维数组的声明

数组声明的语法为：

数据类型[] 数组名;

数据类型表明数组元素的类型；[]表示定义数组；数组名和变量名的定义类似。例如：

```
int[] score;              //声明一个整型数组，数组名为 score
string[] name;            //声明一个字符串数组，数组名为 name
```

注意声明数组后并不能直接使用，需要先对数组初始化。

4.1.2 一维数组的初始化

数组的初始化就是指出数组元素的个数，为数组分配内存空间。

数组初始化的一般语法格式为：

数组名=new 数据类型[数组元素个数];

或

数组名=new 数据类型[数组元素个数] {数组元素列表};

例如：

```
score=new int[5];          //初始化数组，为数组 score 分配 5 个 int 型数据空间
```

注意：数组创建后，在没有赋值之前，数组成员将自动具有默认初始值。

- double，float，int，long 等类型默认初值为 0。
- bool 类型默认初值为 false。

- char 类型默认初值为'a'。
- string 类型默认初值：null。

```
score=new int[5]{1,2,3,4,5};    //创建空间的同时为数组元素赋值
```

此初始化语句的含义：为数组 score 分配 5 个 int 型数据空间，并在其中分别存入数值 1,2,3,4,5。

C#语法灵活，声明和初始化形式有多种。例如：

```
int[] a=new int[3]{1,2,3};    //声明数组同时初始化并赋值
```

用这种方式初始化并赋值时要注意[]中的数值和{}中的数组元素列表中元素的个数要一致，否则出错。

```
int[] a=new int[]{1,2,3};    //声明数组同时初始化并赋值
```

这种方式中[]中的数组元素个数缺省，则默认数组元素列表中元素的个数为数组元素个数。

```
int[] a={1,2,3};             //数组声明同时初始化，可以省略new和数组元素个数
int num=10;
string[] s=new string[num];  //通过变量指定数组元素个数
```

4.1.3　一维数组元素的引用

一维数组元素的引用形式为：

```
数组名［下标］；
```

注意：数组元素的下标从 0 开始。数组元素最大下标为数组元素个数减 1。数组元素引用时若超出最大下标，则程序出错。数组下标超出范围是数组元素引用中易出现的错误，在编写代码时要格外注意。

示例代码如下：

```
int[] a=new int[3]{1,2,3};
a[0]=5;
a[1]=a[0]+a[2];
Console.WriteLine("{0}{1}{2}",a[0],a[1],a[2]);
```

则控制台窗口输出：

```
5  8  3
```

4.1.4　一维数组应用举例

【**例 4.1**】在跳水比赛中，有 8 个评委为参赛的选手打分，分数为 1～10 分。选手最后得分为：去掉一个最高分和一个最低分后其余 6 个分数的平均值。请编写一个程序实现分数统计功能，要求输出如下：

```
评委评分: 8.8  8.5  9.5  9.6  9.3  9.2  9.0  9.1
去掉最高分: 9.6, 最低分: 8.5
平均得分: 9.15
```

编程思路：

评委评分输入和保存：要保存和处理同类型的 8 个数，可以使用数组 score。8 个评委评

分从键盘输入，使用循环结构依次输入。

选手总分统计：定义变量 sum 保存总分，通过遍历访问每一个数组元素，将每一个元素值加到 sum 中。

最高分统计：可定义变量 max 保存最高分。最高分初始值设为第一个评委评分，即 score[0] 的值。当访问后面的元素时，将当前元素和 max 比较，若大于 max 则将当前元素值存入 max。遍历完所有元素后，max 即为最高分。

最低分统计：可定义变量 min 保存最低分。最低分初始值设为 score[0]。当访问后面的元素时，将当前元素和 min 比较，若小于 min 则将当前元素值存入 min。遍历完所有元素后，min 即为最低分。

平均值统计：遍历完数组所有元素后，sum、max、min 分别保存总分、最高分和最低分，则平均分为：(sum−max−min)/6。

建立控制台应用程序，Main 方法中的具体实现代码如下：

```
float[] score-new float[8];
//输入评委评分
for(int i=0;i<=7;i++)
{
    Console.Write("请输入第{0}位评委的评分: ",i+1);
    score[i]=Convert.ToSingle(Console.ReadLine());
}
Console.Write("评委评分: ");
float sum=0,max=score[0],min=score[0];
//循环遍历数组元素
for(int i=0;i<=7;i++)
{
    sum+=score[i];
    if(score[i]>max)
        max=score[i];
    if(score[i]<min)
        min=score[i];
    Console.Write("{0} ",score[i]);
}
Console.WriteLine("\n去掉最高分: {0}    最低分: {1}",max,min);
Console.WriteLine("平均分: {0}",(sum-max-min)/6);
Console.ReadKey();
```

代码分析：注意本例数组有 8 个元素，所以最大下标为 7。为了更清晰地体现使用 for 循环遍历和引用数组元素，本例代码中用第二个 for 循环对数组进行遍历。其实在第一个 for 循环输入评分的同时，也可以进行数据的统计。试修改程序，简化掉第二个 for 循环。

【例 4.2】编写程序，实现 32 选 7 的抽奖程序。

编程思路：本例本质上是在 1～32 之间随机产生 7 个数。产生随机数的方法同例 3.22。产生一个 1～32 之间的随机整数的代码如下：

```
Random ran=new Random();
```

```
int num=ran.Next(1,33);          //产生值在[1,32]之间的一个随机数
```
产生 7 个随机数，可以简单地用一个 7 次的循环结构实现。代码如下。

```
Random ran=new Random();
for(int i=0;i<=6;i++)
{
    int m=ran.Next(1,33);
    Console.Write("{0} ",m);
}
Console.ReadKey();
```

这段代码中没有保存生成的 7 个随机数，而是产生一个随机数后直接输出到控制台窗口。这段代码看似实现了 32 选 7 的抽奖程序，但是，通过多次运行会发现选出的 7 个数可能会有重复数据，这显然是不行的。

如何避免产生重复数据？这就要求在每产生一个随机数后，先判断该随机数是否在前面已经产生过。要判断新随机数是否前面已经产生过，需要保存前面已经生成的值，通过与已经生成的所有值进行比较，判断新生成数是否为重复数据。使用数组来保存同类型的多个数据就很方便，可以定义数组来保存已经生成的随机数。

判断新随机数是否已经产生：假设前面已经产生了 i 个数据，新生成的随机数需要和这 i 个数据依次比较，来判断该数据是否已经存在。可以使用一个循环结构来访问前 i 个数据。通过依次比较，可以判断出该随机数是否重复出现。如果重复出现，则放弃本次循环产生的随机数，本次循环失效，需要增加一次循环。如果未重复，则保存和输出该数据。

建立控制台应用程序，Main 方法中的具体实现代码如下：

```
Console.WriteLine("32选7抽奖程序");
Random ran=new Random();
int[] a=new int[7];              //保存 7 个随机数
for(int i=0;i<=6;i++)
{
    a[i]=ran.Next(1,33);         //生成一个新随机数,暂时保存到数组中
    for(int j=0;j<i;j++)
        if(a[j]==a[i])           //新随机数已经存在
        {
            i--;                 //增加一次循环,本次生成的 a[i]重新生成
            break;
        }
}
for(int i=0;i<=6;i++)
    Console.Write("{0} ",a[i]);
Console.ReadKey();
```

思考：要求选出的 7 个数输出时按升序排列，修改完善代码。

【例 4.3】数据排序。有 int 型数组，数组元素依次为 16、66、32、9、43、25。编写程序，使数组中的元素按从小到大排序。

编程思路：排序是一种典型的数据操作，排序是程序设计中非常常用的一种功能。经典

的排序算法有冒泡排序、选择排序、快速排序等。此处介绍冒泡排序算法的思想。

冒泡排序算法的思想是：从第一个数开始，依次比较相邻的两个数。若较大的数在前，则交换这两个数的位置，将较小的数放在前面，较大的数放在后面。这就是所谓的小数"冒泡"或"起泡"。具体的冒泡排序过程如表 4-1 所示。首先比较数组第 1 个元素和第 2 个元素 10、66，无须交换。再比较第 2 个元素和第 3 个元素 66、32，则需要交换这两个数。交换后第 2 个元素和第 3 个元素变为 32、66。继续比较第 3 个元素和第 4 个元素 66、9，……依此类推，直到比较到最后一个元素为止，结束第一轮比较。如表 4-1 所示，第 1 轮比较后，最大的数 66 将排到最后。此时，原有的 6 个数排序的问题变为对前 5 个元素的排序。此后，对前 5 个元素重复第 1 轮的比较和交换流程。第 2 轮比较后，43 将被排在正确的位置。此后再次重复比较和交换的流程，进行第 3、4、5 轮比较之后，该数组所有元素即按由小到大的顺序排列。

表 4-1　冒泡排序过程

10	66	32	9	43	25	初始状态
10	32	9	43	25	66	第 1 轮比较：相邻元素依次比较，小值"冒泡"
10	9	32	25	43	66	第 2 轮比较：相邻元素依次比较，小值"冒泡"
9	10	25	32	43	66	第 3 轮比较：相邻元素依次比较，小值"冒泡"
9	10	25	32	43	66	第 4 轮比较：相邻元素依次比较，小值"冒泡"
9	10	25	32	43	66	第 5 轮比较：相邻元素依次比较，小值"冒泡"

编程实现：在第 1 轮比较中，比较两个数并决定是否交换的动作被重复执行了 5 次，对于重复的动作，可以很自然地想到通过循环结构解决。而后面 4 轮的比较则是对第 1 轮比较功能的重复，依然可以通过循环结构方便地处理。可以将实现第 1 轮比较的代码（循环结构）作为循环结构的语句体部分，增加一层循环，使用双层循环的嵌套，实现完整的冒泡排序算法。具体的代码如下：

```
static void Main(string[] args)
{
    int[] a=new int[] {10,66,32,9,43,25};
    for(int i=0;i<5;i++)
    {
        for(int j=0;j<5-i;j++)
            if(a[j]>a[j+1])
            {
                int t;
                t=a[j];
                a[j]=a[j+1];
                a[j+1]=t;
            }
        foreach(int x in a)
            Console.Write("{0} ",x);
        Console.WriteLine("\n");
    }
}
```

编程分析：本例要排序 6 个数，外层循环的循环条件为 i<5，循环体执行比较和交换过程 5 次。因此在冒泡排序中，外层循环执行的次数比参加排序的数个数少 1。内层循环的循环条件为 j<5-i，可以避免已经排好序的数重新参加排序。思考：若内层循环的循环条件设置为 j<5，排序结果能否实现？此外，从表 4-1 中可以看出，第 3 轮比较之后，所有数组元素已经正确排序，但程序依然会进行后面两轮的排序。因为程序执行过程中，内存中数组元素的值对于计算机而言是不可见的。

4.2　二维数组

有些问题用二维数组处理更加适合。例如，对多名同学的多门课程成绩进行保存和处理，如图 4-1 所示。二维数组可以被看作是一个多行多列的表格。

	语文	数学	历史	地理	生物
李小明	88	97	84	67	75
王天宇	97	78	88	78	86
孙高阳	89	87	90	85	84

图 4-1　课程成绩表

二维数组声明的一般形式为：

数据类型[,]　数组名;

二维数组初始化的一般形式为：

数组名=new 数据类型[行数,列数];

或者

数组名=new 数据类型[行数,列数]{数组元素列表};

示例代码如下：

```
int[,] score;                      //声明一个整型二维数组，数组名为 score
score=new int[3,5];                //初始化 3 行 5 列的二维整型数组
a=new int[2,3]{{1,2,5},{7,6,4}};   //初始化 2 行 3 列的整型二维数组 a，同时给 a 中
```
的元素赋值。注意语法：{}中的数组元素列表中每一行数组元素也需要用一对{}括起来

二维数组元素的引用形式为：

数组名[行下标,列下标];

注意：二维数组元素的行下标和列下标均从 0 开始。数组元素最大行下标为数组行数减 1，数组元素最大列下标为数组列数减 1。数组元素引用时若超出最大下标，则程序出错。例如：

```
int[,] a=new int[2,3] {{1,2,3},{1,2,3}};
a[0,0]=5;
a[1,0]=a[0,0]+a[1,2];
Console.WriteLine("{0}{1}{2}",a[0,0],a[1,0],a[1,2]);
```

则控制台窗口输出：

```
5 8 3
```

【例 4.4】将一个矩阵的行和列互相交换就可以得到其转置矩阵。已知一个矩阵 *a* 如下。

编程求 a 的转置矩阵 b，并输出。

$$a = \begin{bmatrix} 1 & 3 & 9 \\ 7 & 4 & 6 \end{bmatrix}$$

编程思路：定义 2 行 3 列的整型二维数组 a 保存矩阵 a 的数据，定义 3 行 2 列的整型二维数组 b 保存矩阵 b 的数据。循环遍历数组 a 中的每一个元素，存入数组 b 的对应元素中。循环遍历二维数组可采用双层嵌套的循环结构，外层循环遍历行，内层循环遍历列。

建立控制台应用程序，Main 方法中的具体实现代码如下：

```
int[,] a=new int[2,3]{{1,3,9},{7,4,6}},b=new int[3,2];
Console.WriteLine("矩阵 a 为: ");
for(int i=0;i<=1;i++)
{
    for(int j=0;j<=2;j++)
    {
        Console.Write("{0} ",a[i,j]);
        b[j,i]=a[i,j];
    }
    Console.WriteLine();
}
Console.WriteLine("a 的转置矩阵 b 为: ");
for(int i=0;i<=2;i++)
{
    for(int j=0;j<=1;j++)
        Console.Write("{0} ",b[i,j]);
    Console.WriteLine();
}
Console.ReadKey();
```

代码分析：代码中使用了双重循环嵌套结构来遍历二维数组元素，编程中注意行和列的下标均从 0 开始，并保证下标不要超出最大值范围。

【例 4.5】杨辉三角见于中国南宋数学家杨辉 1261 年所著的《详解九章算法》一书，是二项式系数在三角形中的一种几何排列。杨辉三角数值排列如下：

```
1
1 1
1 2 1
1 3 3 1
1 4 6 4 1
1 5 10 10 5 1
1 6 15 20 15 6 1
1 7 21 35 35 21 16 1
```

编程输出 10 行杨辉三角数值排列。

编程思路：要处理多行多列数据，可以使用二维数组处理。从数据排列的规律可以看出：第 i 行有 i 列元素，则第 10 行有 10 列元素。要输出 10 行 10 列数据，就要定义 10 行 10 列的整型二维数组。数组元素值的赋值规律为：第一列所有元素为 1；每一行最后一个元素为 1，即第 i 行的第 i 个元素为 1；其余元素的值等于该元素位置上一行同列元素与该元素上一行同列元素之前一列元素之和。

建立控制台应用程序，Main 方法中的具体实现代码如下：

```
Console.WriteLine("          杨辉三角");
int[,] a=new int[10,10];
for(int i=0;i<=9;i++)
{
    for(int j=0;j<=i;j++)
    {
        if(j==0||i==j)
            a[i,j]=1;
        else
            a[i,j]=a[i-1,j-1]+a[i-1,j];
        Console.Write("{0} ",a[i,j]);
    }
    Console.WriteLine();
}
Console.ReadKey();
```

4.3　数组的遍历：foreach

对于数组元素的遍历，可以采用 for 循环的方式，设置循环范围，通过数组元素下标遍历所有元素。使用 foreach 循环也可以实现数组元素的遍历，而且不需要定义循环变量，也不需要知道数组元素的个数。

foreach 循环的语法为：

```
foreach(数据类型 变量名 in 数组名)
{
    循环体语句序列;
}
```

功能：依次访问数组中的每一个元素。在每次循环中访问的数组元素值保存在变量名代表的变量中。

说明：数组名是已经声明并初始化过的数组名；数据类型是数组名代表的数组中数组元素的数据类型；变量名和普通变量的定义相同。

示例代码如下：

```
string[] a=new string[]{"I","love","C#","."};
foreach(string n in a)
    Console.Write("{0} ",n);
```

输出结果为：

```
I love C# .
```

可以同样使用 foreach 访问二维数组，无须使用 for 循环类似的双层循环结构，更加简洁。例如：

```
int sum=0;
int[,] a=new int[,]{{4,6,9},{1,2,7}};
foreach(int n in a)
{
    sum+=n;
    Console.Write("+{0}",n);
}
Console.Write("={0}",sum);
```

这段代码输出结果为：

```
+4+6+9+1+2+7=29
```

4.4 数组基本操作

在程序设计中，数组非常常用，系统在 Array 类中提供了大量的对数组的常用操作。对数组的操作可以分为静态操作和动态操作，静态操作主要包括排序、查找元素等，动态操作主要包括插入和删除等。此处介绍一些常用静态操作的一般用法。

4.4.1 得到和设置数组元素值

GetValue 方法用于得到数组中指定元素的值；SetValue 方法用来设置数组中指定元素的值。例如：

```
int[] a=new int[]{4,6,9,1,2,7};
a.SetValue(5,0);                    //设置数组元素的值为 5，该元素下标为 0。
Console.WriteLine("第 1、3 个元素值分别是：{0}、{1}",
    a.GetValue(0),a.GetValue(2)); //分别得到下标为 0、2 的素组元素值。
```

控制台窗口输出第 1、3 个元素值：5、9。

4.4.2 数组排序和翻转

Sort 方法可以将一维数组中的元素按升序重新排列；Reverse 方法可以把一维数组元素按从右向左的顺序重新排列。例如：

```
int[] a=new int[]{4,6,9,1,2,7};
Array.Reverse(a);
Console.Write("逆序为：");
foreach(int n in a)
    Console.Write("{0} ",n);
Console.WriteLine();
Array.Sort(a);
Console.Write("升序为：");
foreach(int n in a)
    Console.Write("{0} ",n);
```

输出结果为：

```
逆序为：7 2 1 9 6 4
升序为：1 2 4 6 7 9
```

4.4.3　查找数组元素

IndexOf 方法可以判断一维数组中是否包含与给定值相等的元素。若包含，则返回给定值第一次出现时对应的数组元素下标。否则，返回–1。例如：

```
int[] a=new int[]{2,3,5,6,7,6,4,6,8};
int x=Array.IndexOf(a,6);        //查找 6 在数组 a 中第一次出现的位置，返回下标
int y=Array.IndexOf(a,6,4);      //从数组 a 中从下标为 4 的元素开始，向后查找 6
                                 //第一次出现的位置，返回下标
int z=Array.IndexOf(a,9,4);
Console.Write("{0}{1}{2}",x,y,z);
```

输出结果为：

```
3  5  -1
```

4.4.4　数组元素统计

常用的一维数组元素统计方法有：求和方法 Sum、求最大值方法 Max、求最小值方法 Min、求平均值方法 Average。例如：

```
int[] a=new int[]{4,6,9,1,2,7};
int max=a.Max();
int min=a.Min();
int sum=a.Sum();
double aver=a.Average();
Console.WriteLine("");
Console.Write("最大值、最小值、和、平均值分别为:{0}、{1}、{2}、{3}。",
max,min,sum,aver);
```

输出结果为：

```
最大值、最小值、和、平均值分别为: 9、1、29、4.8333333
```

4.4.5　数组长度统计

通过 Length 字段可以得到数组中所有元素的个数。

通过 GetLength 方法可以得到数组的行数和列数。当参数为 0 时可以得到数组列数；对于二维数组，当参数为 1 时得到数组的行数。

例如：

```
int[] a=new int[]{4,6,9,1,2,7};
Console.Write("一维数组\n");
Console.Write("第一维的元素个数:{0}, 所有元素个数: {1}。\n",a.GetLength(0),a.Length);
Console.Write("二维数组\n");
int[,] b=new int[,]{{4,6,9,8},{1,2,7,3}};
Console.Write("第一维元素个数:{0}, 第二维元素个数: {1}, 所有元素个数:{2}。",
b.GetLength(0),b.GetLength(1),b.Length);
```

输出结果为：

```
一维数组
第一维的元素个数: 6, 所有元素个数: 6。
二维数组
第一维元素个数: 2, 第二维元素个数: 4, 所有元素个数: 8。
```

4.4.6 复制数组元素

可以通过 Copy 方法复制一个数组中的指定元素到另一个数组中的指定位置。示例代码如下：

```
char[] a=new char[]{'h','e','l','l','o'};
char[] b=new char[8];
foreach(char n in b)
    Console.Write("{0} ",n);
Console.WriteLine();
Array.Copy(a,b,2);              //从下标为 0 的元素开始，将 a 数组中的 2 个元素复制到
                                //b 数组下标为 0 的位置
foreach(char n in b)
        Console.Write("{0} ",n);
Console.WriteLine();
Array.Copy(a,2,b,4,3);          //从下标为 2 的元素开始，将 a 数组中的 3 个元素复制到
                                //b 数组中下标为 4 的位置
foreach(char n in b)
    Console.Write("{0} ",n);
```

输出结果为：

```
a a a a a a a a
h e a a a a a a
h e a a l l o a
```

4.4.7 清除数组元素

Clear 方法可以清除数组中指定位置的数值，将该元素设置为默认值。示例代码如下：

```
int[] a=new int[]{4,6,9,1,2,7};
Array.Clear(a,2,3);            //清除 a 数组下标从 2 开始的 3 个数组元素的值
foreach(int n in a)
    Console.Write("{0} ",n);
Console.WriteLine();
string[] b=new string[]{"I ","love ","C# "};
Array.Clear(b,1,1);            //清除 b 数组下标从 1 开始的 1 个数组元素的值
foreach(string n in b)
    Console.Write("{0}",n);
```

输出结果为：

```
4 6 0 0 0 7
I C#
```

4.5 字符串及基本操作

字符串可以看做是 char 型的只读数组。只读的含义是在使用时可以读出数组元素，但是不能改变数组元素的值，不能将一个值存入（写入）数组元素。例如：

```
string str="hello";   //字符串变量 str 可以视为 char 型数组，数组名为 str
```

```
char a=str[0];              //使用（读）数组 str 第一个元素值给变量赋值，a='h'
str[0]='c';                 //语法错误，数组 str 为只读，不能改变（写）数组元素的值
```

【例 4.6】编写程序，完善例 3.1 实现的简单计算器程序。在每输入一个数值后立即检测输入值是否为有效数值，若非有效数值，则提示重新输入。

编程思路：对于例 3.1 实现的简单计算器，若输入非数值字符，如字符串"abc"，程序运行结果会是什么？由于使用 Console.ReadLine()输入的数据是字符串，需要先把字符串转换为数值。然而，并非所有的字符串都能转换为数值，只有符合数学数值特征的字符串才可以转换。例如：字符串"abc"显然是无法转换为数值的，程序运行到数值转换时会因无法转换而出错，运行终止。因此，需要在每输入一个字符串后检测判断该字符串中是否有非有效数据。由于有可能多次输入中均有非有效数据，则可能要进行多次重复检测判断。由于连续输入非有效数据的次数不确定，因此可以使用无限循环结构处理，直到输入正确时退出循环。循环体语句序列需要判断输入数据是否有效。可以将输入的字符串作为字符数组，通过遍历每一个字符型数组元素，判断是否有 0～9 以外的值。判断方法可以通过单个字符比较的方式实现，即字符 a<'0' ‖ a>'9'。判断结束后，若存在非有效数值，则开始下一次循环输入；否则，该数据有效，可通过转换得到具体的数值。

建立控制台应用程序，Main 方法中的具体实现代码如下：

```
Console.WriteLine("四则运算器");
float x1,x2;
string str;
bool invalidFlag=false;     //数据是否有效标记
while(true)
{
    Console.Write("请输入第一个数，x1=");
    str=Console.ReadLine();
    foreach(char n in str)
        if(n<'0'||n>'9')
        {
            Console.WriteLine("数据输入有误，请重新输入。");
            invalidFlag=true;     //存在非有效数据
            break;                //后面数据无须再判断，跳出 foreach 循环
        }
    if(invalidFlag==true)         //输入非有效数据
        invalidFlag=false;        //重置标记，准备下一次判断
    else                          //输入数据有效
    {
        x1=Convert.ToSingle(str);
        break;                    //跳出循环，结束第一个数的输入
    }
}
while(true)
{
```

```
    Console.Write("请输入第二个数, x2=");
    str=Console.ReadLine();
    foreach(char n in str)
        if(n<'0'||n>'9')
        {
            Console.WriteLine("数据输入有误，请重新输入。");
            invalidFlag=true;
            break;
        }
    if(invalidFlag==true)
        invalidFlag=false;
    else
    {
        x2=Convert.ToSingle(str);
        break;
    }
}
Console.WriteLine("x1+x2={0}\nx1-x2={1}\nx1*x2={2}\nx1/x2={3}",x1+x2,
            x1-x2,x1*x2,x1/x2);
Console.ReadKcy();
```

代码分析：代码中将 str 变量作为字符数组名，用 foreach (char n in str){...}循环结构遍历所有数组元素，在每次循环中，n 的值分别为：str[0]、str[1]、str[2]、...。

上例中检测非有效数据并重新开始输入数据功能实现代码虽然逻辑上没有问题，但代码实现复杂。从功能上分析，在 foreach (char n in str){...}循环中若检测发现非有效数据，则应该立即进入重新开始输入环节，在程序代码上应该直接转到循环开始处，开始新的一次数据输入。这种情况下，采用 goto 语句实现，代码更加简洁。代码如下：

```
Console.WriteLine("四则运算器");
float x1,x2;
string str;
while(true)
{
intput1:
    Console.Write("请输入第一个数, x1=");
    str=Console.ReadLine();
    foreach(char n in str)
        if(n<'0'||n>'9')
        {
            Console.WriteLine("数据输入有误，请重新输入。");
            goto intput1;
        }
    x1=Convert.ToSingle(str);
    break;
}
```

```
while(true)
{
    input2:
    Console.Write("请输入第二个数，x2=");
    str=Console.ReadLine();
    foreach(char n in str)
        if(n<'0'||n>'9')
        {
            Console.WriteLine("数据输入有误，请重新输入。");
            goto input2;
        }
    x2=Convert.ToSingle(str);
    break;
}
Console.WriteLine("x1+x2={0}\nx1-x2={1}\nx1*x2={2}\nx1/x2={3}",x1+x2,
                  x1-x2,x1*x2,x1/x2);
Console.ReadKey();
```

思考：

① 本例中并没有考虑小数点 "." 和负号 "-" 也是有效的数值字符，思考如何进一步完善，编写程序完成。

② 本例主要目的是展示字符串可看作 char 型只读数组的本质，同时展示运用 C#语句编程求解实际问题的过程。实际上，本例在功能上对于非有效数字的判断还不完善，还存在 bug。对于程序设计中常见的功能，Visual Studio 提供了大量现成的方法可供使用。例如：本例判断输入数据是否有效，可以使用 Single.TryParse 方法实现。请自行查阅资料，掌握 Single.TryParse 方法，并采用 Single.TryParse 改写本例代码，并比较完成后的功能效果以及代码的简洁性。

提示：使用 Visual Studio 实现的方法可以更加准确、高效地完成程序设计所要求实现的功能。在很大程度上，程序员对 Visual Studio 中提供的大量方法掌握的多少和掌握的熟练程度决定了程序员的编程能力的高下。Visual Studio 中提供的大量方法需要程序员在学习和不断的编程实践中掌握和积累。

③ 逻辑思路表达练习。若要求在连续输入两个数据后再判断这两个数据是否有效，并根据判断情况，对于非有效数据，提示并重新输入该数据。试着编程完成程序设计，表达该思路。

4.5.1　字符串比较

1. Equals 方法

该方法用于比较两个字符串是否相同。如果相同则返回值为 true；否则，返回值为 false。例如：

```
string s1="abc",s2="aBc",s3="abc";
bool a=s1.Equals(s2);
bool b=s1.Equals(s3);
Console.WriteLine("s1=s2? {0}\ns1=s3? {1}",a,b);
```

C#语言区分大小写，因此，输出结果为：

```
s1=s2? false
s1=s3? true
```

2. Compare 方法

该方法用于比较两个字符串的大小。如果字符串 1 大于字符串 2，则返回值为 1；如果字符串 1 等于字符串 2，则返回值为 0；如果字符串 1 小于字符串 2，则返回值为–1。

Compare 方法用法灵活，功能丰富。例如：

```
string str0="好好学习天天向上";
string str1="我爱c#";
string str2="我爱C#";
Console.WriteLine(string.Compare(str0,str1)); //比较 str0 和 str1
Console.WriteLine(string.Compare(str0,2,str1,1,3));
//比较 str0 中从位置 2 开始的 3 个字符和 str1 中从位置 1 开始的 3 个字符。字符串中字符的
位置从 0 开始，即比较"学习天"和"爱c#"。
Console.WriteLine(string.Compare(str1,str2,true));
//比较 str1 和 str2，比较中不区分大小写。
Console.WriteLine(string.Compare(str1,str2,false));
//比较 str1 和 str2，比较中区分大小写。
```

说明：汉字比较按汉语字典中排序位置比较，排在前面的字小于后面的字；英文比较按英文字典中排序位置比较，排在前面的字小于后面的字；同一英文字符，大写形式大于小写形式。因此，输出结果为：

```
-1
 1
 0
-1
```

3. CompareTo 方法

该方法用于比较两个字符串的大小。如果字符串 1 大于字符串 2，则返回值为 1；如果字符串 1 等于字符串 2，则返回值为 0；如果字符串 1 小于字符串 2，则返回值为–1。

CompareTo 和 Compare 功能相似，但用法相对简单。例如，判断用户名和密码的实例，可以表示为：

```
Console.Write("请输入用户名: ");
string yhm=Console.ReadLine();
Console.Write("请输入用户密码: ");
string mm=Console.ReadLine();
if(yhm.CompareTo("ustb")==0&&string.Compare(mm,"123456")==0)
    Console.WriteLine("欢迎登录");
else
    Console.WriteLine("用户名或密码错误! ");
Console.ReadKey();
```

4.5.2　判断字符串中是否含有指定字符或字符串

Contains 方法用于判断字符串变量中是否含有指定字符或字符串。若包含则返回 true；否则返回 false。例如：

```
string[] fileName={ "金庸全集.rar","qq.exe","C#2010.iso","竞赛统计.pdf",
"循环.ppt","作业.docx","金庸经典.rar"};
foreach(string str in fileName)
{
    if(str.Contains("金庸"))
        Console.WriteLine(str);
}
```

输出结果为：

```
金庸全集.rar
金庸经典.rar
```

本例代码中，通过遍历字符串数组，用 Contains 方法模拟了类似按文件名查找文件功能。

4.5.3　查找字符串中指定字符或字符串出现的位置

IndexOf 方法以从左向右的方式顺序查找字符串中指定字符或字符串第一次出现的位置，找到后返回开始出现位置的索引值。若没有找到指定字符或字符串，则返回值为-1。

IndexOfAny 方法以从左向右的方式在字符串中顺序查找并返回字符数组中任意字符第一次出现的索引位置。若没有找到指定字符或字符串，则返回值为-1。

例如：

```
string str="我喜欢看的是那些伟大的著作";
int i=str.IndexOf('的');
//在字符串 str 中从起始位置 0 开始查找'的'第一次出现的位置，返回值为 int 类型
Console.WriteLine("'的'第一次出现的位置: {0}",i);
i=str.IndexOf('的',6);
//在字符串 str 中从位置 6 开始，向后查找'的'第一次出现的位置
Console.WriteLine("'的'第二次出现的位置: {0}",i);
Char[] mychar={'四','大','名','著'};
Console.WriteLine("mychar 中字符首次出现的位置: {0}",
str.IndexOfAny(mychar));
//在字符串 str 中查找字符数组mychar 中任意字符第一次出现的位置
```

输出结果为：

```
'的'第一次出现的位置: 4
'的'第二次出现的位置: 10
mychar 中字符首次出现的位置: 9
```

相对应的查找方法 LastIndexOf 和 LastIndexOfAny 的查找方式为从右向左逆序查找。

4.5.4 截取字符串

SubString 方法用于从一个字符串中获取指定的子字符串。其用法实例如下：

```
string str="北京科技大学";
Console.WriteLine(str.Substring(2));
//在字符串 str 中，从起始位置 2 开始，获取所有字符
Console.WriteLine(str.Substring(1,3));
//在字符串 str 中，从位置 1 开始，获取 3 个字符
```

输出结果为：

```
科技大学
京科技
```

思考：假设有字符串数组，其中有 10 个数组元素，分别保存 10 个人的身份证号码。编程输出这 10 个人的年龄。

4.5.5 拆分字符串

Split 方法用于拆分字符串，即将一个字符串按指定的分隔字符或字符串分隔为多个字符串，并返回由多个子字符串组成的字符串数组。例如：

```
string mysub="《三国演义》,《水浒传》,《红楼梦》,《西游记》";
string[] subarray-mysub.Split(', ');
    //以', '为分隔符，将字符串 mysub 分割成多个字符串，并保存在字符串数组 subarray 中
foreach(string sub in subarray)
        Console.WriteLine(sub);
```

输出结果为：

```
《三国演义》
《水浒传》
《红楼梦》
《西游记》
```

Split 方法用法灵活，功能丰富。更多用法请自行学习。

4.5.6 替换字符串

Replace 方法可以将一个字符串中的指定字符或字符串替换为另外一个指定的字符或字符串。例如：

```
string str="人们都说我的生活好快乐,我也认为自己真的快乐。";
string newStr=str.Replace("快乐","happy");
//将字符串 str 中的字符串"快乐"替换为字符串"happy"
Console.WriteLine("替换后的句子: \n "+newStr);
```

输出结果为替换后的句子：

```
人们都说我的生活好 happy,我也认为自己真的 happy。
```

除上述方法外，常用的字符串处理方法还有：复制方法 Copy、CopyTo；插入方法 Insert；填充方法 PadLeft、PadRight；删除方法 Remove 等，此处不再一一介绍。

4.5.7　编程实例

【例 4.7】编写程序对字符串"飞雪连天射白鹿　笑书神侠倚碧鸳"进行加密和解密。

编程思路：计算机中只能存储和处理 0 和 1 代表的二进制数，因此，字符在计算机中按其对应的二进制数编码存储。每个字符都有与之对应的二进制数值，如果改变字符对应的二进制数，则编译器处理改变后的二进制数会得到其他字符。可以通过改变字符所对应的二进制值的方式改变对应的字符，从而取得加密的效果。本例中通过对每一个字符对应的二进制数加 5 的方式改变每一个字符，得到加密效果。要模拟解密效果，只需要对每一个加密后的字符对应的二进制数值减 5，即可实现。

建立控制台应用程序，Main 方法中的具体实现代码如下：

```
string s="飞雪连天射白鹿 笑书神侠倚碧鸳";
char[] s1=new char[s.Length];    //定义数组 s1，保存加密结果
Console.WriteLine("加密后，结果为: ");
for(int i=0;i<s.Length;i++)
    s1[i]=(char)((int)s[i]+5);
foreach(char n in s1)
    Console.Write(n);
Console.WriteLine("\n\n 解密后，结果为: ");
foreach(char n in s1)
    Console.Write((char)((int)n-5));
Console.ReadKey();
```

代码分析：代码中循环结构的循环体语句序列均为一行语句，因此"{}"省略。通过基本字符串操作 s.Length 可以得到字符串 s 的长度。语句 s1[i] = (char)((int)s[i] + 2);中，s[i]为字符，可通过强制类型转换(int)s[i]将其转换为 int 型数据，再和 2 相加。由于隐式转换规则中，char 型数据可隐式转换为 int 数据，因此强制类型转换(int)s[i]中的(int)可以省略。但是这行语句中的强制类型转换(char)不可省略，因为 int 型数据不能隐式转换为 char 型。请注意体会 C#中的数据类型转换。

思考：本例中通过对每一个字符对应的二进制数加 5、减 5 实现加解密，能不能用乘以 5、除以 5 的方式实现加密和解密？如不能，为什么不能？试修改程序，用乘以 5、除以 5 的方式实现加密和解密。

【例 4.8】现有 f 盘文件 sjd.txt，保存一份报告。编程统计报告中"人民"出现的次数。

提示：可以通过 System.IO 功能库（类库）中的功能，先将 txt 文件中的内容读出，存入一个字符串，再对字符串进行统计。转换方法为：

```
StreamReader reader=new StreamReader(@"f:\sjd.txt",Encoding.GetEncoding
("gb2312"));
string text=reader.ReadToEnd();
```

说明：字符串中的字符"\"为特殊的转义字符，而"f:\sjd.txt"中的字符"\"为表示文件存放路径的普通字符，因此在字符串之前使用@符号，表示"f:\sjd.txt"中的字符"\"为普通字符。

编程思路：在 4.5.3 节查找字符串部分中，有 IndexOf 方法的如下应用示例：

str.IndexOf('的',6); //在字符串 str 中从位置 6 开始，向后查找'的'第一次出现的位置。

该用法可以设置在字符串中开始查找的位置，可以使用该用法实现本例程序设计功能。具体思路为：首先从字符串起始位置开始查找"人民"，可以确定"人民"第一次出现的索引位置；然后可以从第一个"人民"的索引位置后开始查找下一个"人民"的索引位置，确定第二个"人民"的索引位置后；从第二个"人民"的索引位置后查找，……重复进行，直到查找不到"人民"为止，即 IndexOf 方法返回值–1。该过程可用循环结构实现。查找过程中可设置 int 型变量保存"人民"的个数，每找到一个，该变量加 1。

建立控制台应用程序，Main 方法中的具体实现代码如下：

```
StreamReader reader=new StreamReader(@"f:\sjd.txt",
Encoding.GetEncoding("gb2312"));
string text=reader.ReadToEnd();
int start=0;                          //每次查找的起始位置
int num=0;                            //找的个数
do
{
    int m=text.IndexOf("人民",start);
    if(m!=-1)
    {
        num++;
        start=(m+1);
    }
    else
        break;
} while(true);
Console.WriteLine(""人民"共出现{0}次",num);
Console.ReadKey();
```

注意：代码中使用了 System.IO 功能库（类库）中的功能，需要在程序文件中增加对该库的使用，在代码开始处增加"using System.IO;"。

习题

一、选择题

1. 若有定义：int[] x = new int[10];，则数组 x 在内存中所占字节数是（　　）。

    A. 10　　　　　　　　B. 20　　　　　　　　C. 40　　　　　　　　D. 80

2. 以下数组定义中不正确的是（　　）。

    A. int [] a=new int[3]{1,2,3}　　　　　B. int [] a =new int []{1,2};

    C. int [] a ={1,2};　　　　　　　　　　D. int [,] a = int [2,3] {{1,2},{2},{3}};

3. 以下程序的输出结果是（　　）。

```
int i,k;
int[] a=new int[10];
```

```
int[] p=new int[3];
k=5;
for(i=0;i<10;i++)
    a[i]=i;
for(i=0;i<3;i++)
    p[i]=a[i*(i+1)];
for(i=0;i<3;i++)
    k+=p[i]*2;
Console.WriteLine("{0}",k);
```

  A. 20　　　　　　　B. 21　　　　　　　C. 22　　　　　　　D. 23

4. 下面程序的运行结果是（　　）。

```
string str="ai6y5c9d";
foreach(char x in str)
  if(x>='0'&&x<='9')
      Console.Write("{0}",x);
```

  A. ai6y　　　　　　B. 5c9d　　　　　　C. aiycd　　　　　　D. 659

5. 下面程序的运行结果是（　　）。

```
int[] a=new int[]{1,7,4};
Array.Reverse(a);
for(int i=0;i<a.Length;i++)
  Console.Write("{0}",a[i]);
Array.Sort(a);
for(int i=0;i<a.Length;i++)
  Console.Write("{0}",a[i]);
Array.Reverse(a);
for(int i=0;i<a.Length;i++)
  Console.Write("{0}",a[i]);
```

  A. 741147741　　B. 471741147　　C. 741747741　　D. 471141741

二、填空题

1. 以下程序将整型数组 a 中下标值为偶数的元素从小到大排列，其他元素不变。请根据功能填空，使程序完整。

```
int [] a=new int[]{2,7,9,8,3,4,1};
  int i,j,t;
  for(i=0;i<=a.Length-2;_____)
    for(j=i+2; _____; j+=2 )
      if(_____)
      {
          t=a[i];
          a[i]=a[j];
          a[j]=t;
      }
```

2. 以下程序将已赋值的字符串 a 的内容复制到字符数组 b 中，请根据功能填空，使程序完整。

```
string str="I love program";
char[] a=new char[_____];
int i=0;
while(_____)
{
    a[i]=str[i];
    _____;
}
```

3. 以下程序把从键盘上输入的十进制整数转换为二进制数形式并输出。十进制到二进制的转换采用除以二取余法，每次除以二得到的商继续除以二取余数，直到商为 0 为止。依次得到的余数分别对应二进制数的低位到高位。请根据功能填空，使程序完整。

```
int a=Convert.ToInt32(Console.ReadLine());
int[] b=new int[20];
int i=0;
while(_____)
{
        b[i]=_____;
        a/=2;
        ____;
}
for(_____;j>=0;_____)
    Console.Write("{0} ",b[j]);
```

4. 以下程序对从键盘上输入的两个字符串进行比较。请根据功能填空，使程序完整。

```
static void Main(string[] args)
{
    string str1=Console.ReadLine();
    string str2=Console.ReadLine();
    int i=0;
    while(_____)
    {
        i++;
        //比较到尾部的处理。
        if(_____)
        {
            Console.WriteLine("两个字符串相等");
            goto end;
        }
        else if(_____)
```

```
        {
            Console.WriteLine("字符串1小于字符串2");
            goto end;
        }
        else if(_____)
        {
            Console.WriteLine("字符串1大于字符串2");
            goto end;
        }

    }
    if(_____)
        Console.WriteLine("字符串1小于字符串2");
    else
        Console.WriteLine("字符串1大于字符串2");
end:
    Console.ReadKey();
}
```

三、 编程题

1. 编写一个程序，输入一个字符串（字符数不超过 20 个），统计大写字母的个数，并将其中大写字母改为小写字母（说明：'a' - 'A' = 32）。

2. 从键盘输入 10 个整数存放在一维数组中，再输入一个整数 num，要求找出这个数共有几个 num，并输出数组中的第几个元素。若该数不在数组中，则输出 "No Data"。

3. 编程求给定整数数组中，出现次数最多的数字。

4. 一只兔子躲进了 10 个环型分布的洞中的一个。一只狼在第 1 个洞中找；没有找到，就隔 1 个洞，到第 3 个洞去找；也没有找到，就隔 2 个洞，到第 6 个洞找；也没有找到，就隔 3 个洞，到第 10 个洞找；以后每次都多隔一个洞去找兔子。这样下去，找了 1 000 次一直找不到兔子，请问兔子可能在哪个洞中？

编程思路：定义长度为 10 的整型数组，每找一次，置其中一个元素为 1。1 000 次后，值为 0 的数组元素的下标即为结果。

5. 由 10 个人围成一个首尾相连的圈报数。从第一个人开始，从 1 开始报数，报到 n 的人出圈，剩下的人继续从 1 开始报数，直到所有的人都出圈为止。对于给定 n，求出所有人的出圈顺序。

6. 已知 a 数组中的数据已按升序排序，要求从键盘输入一个数后将其插入 a 数组中，并使该数组中的数据仍然有序。假设数组 a 中已有 10 个元素，向 a 中插入一个输入的数据，则 a 数组长度应定义为 11。

7. 求出给定的二维数组中每一行最大的元素，并显示出来。二维数组可自行定义并初始化赋值。最终要求输出结果示例如下：

第 1 行: 9

第 2 行: 23

……

8. 输出二维数组对角线上的元素之和。

9. 编写程序对字符串进行加密。加密算法为：从第一个字符开始，交换相邻的字符。例如：abcde 加密结果为 badce。

10. 编写扑克牌发牌程序。要求将 52 张扑克牌发给 4 个人，每人各 13 张。发牌后要求对每人手中的牌排序并输出。排序规则是：先按花色，再按点数。花色的大小顺序是：梅花、方块、红心、黑桃。点数的顺序是：1、2、3、4…10、J、Q、K。

思路：纸牌共有 52 张，4 种花色，每种花色 13 张。我们能用一个整数 m 就表示出所有的 52 种情况，规则如下所述。

m / 13： =0——红心，=1——方块，=2——梅花，=3——黑桃

m % 13： =0——2，=1——3，=2——4…=8——10，=9——J，=10——Q，=11——K，=12——A

例如，m = 15 就表示方块 4；m=38 表示梅花 A。

第5章
函　数

迄今，我们看到的代码都是以单个代码模块的形式出现的。在软件设计开发中，如果程序的功能比较多，规模比较大，把所有的程序代码都写在一个代码模块中，就会使程序变得非常庞大复杂，显得头绪不清，使阅读和维护程序变得困难。在这种情况下，一种自然的解决方法就是把整个软件按照功能分成不同的功能模块，分别实现这些功能模块，再通过"组装"的方式将这些模块合成一个完整的软件。这个过程就如同生产一台计算机，首先将计算机按功能分为不同的功能模块：电源、主板、CPU、硬盘等，再分别生产这些功能模块，最后再把这些功能模块组装起来，形成一个完整的计算机。

此外，一些任务常常在一个程序中要执行多次，例如查找多个数中的最大值。此时，可以把几乎相同的查找最大值的代码重复多次放在需要求最大值的地方，但这样会使程序冗长，不精炼。此外，对被重复的代码段的任何修改，使用这段代码的地方都需要修改。重复代码段可能分布在整个程序中的多处，任何一处忘记修改都可能对程序的执行产生严重影响，导致整个程序失效。这种情况下，将常用的任务编写为一个功能模块，在需要使用这个功能模块的地方，只需要用一行语句调用这个模块，就可以很好地解决代码冗长、修改困难的问题。

将一个庞大复杂的程序划分为多个功能模块，再分别实现这些功能模块，这就是模块化程序设计的思路。

在 C、C++等其他高级程序语言中，这样的功能模块被称为函数。函数，即英文单词function。一方面该单词有功能的含义，可以表示程序模块的本质意义，即完成一定的程序功能；另一方面，该单词在数学领域的含义就是函数。由于程序模块的使用与函数的使用非常类似，因此从使用的角度来看，function 翻译为函数亦可。

注意：本章所使用的概念"函数"在 C#中被称为"方法"。在 C#中一切都是对象，函数也是类的成员，因此函数被称为类的"方法"。由于方法与类的概念紧密相关，所以本章暂不使用"方法"这个术语。

5.1　函数相关概念

5.1.1　库函数和自定义函数

1. 库函数

在 C#语言中，对于程序设计中经常要使用的功能，C#中编写了大量的库函数，以方便软件开发者使用，这样就可以大大减轻程序员的工作量，提高程序设计开发效率。例如：编写了在控制台窗口输出的功能模块，即 Console 库中的 Write 和 WriteLine 函数；编写了对数组数据进行排序的功能模块，即 Array 库中的 Sort 函数；编写了求 x 的 y 次幂功能模块，即 Math 库中的 Pow 函数。C#中提供了大量的库函数可供使用，这些库函数需要程序员在不断的学习和编程实践中掌握和积累。

2. 自定义函数

由于现实世界中的事物千差万别，C#提供的库函数不可能涵盖所有软件开发中的所需功能，因此，程序员可以通过自定义函数的方式自己定义和实现软件开发中所需要的功能模块。自定义函数的定义和实现将在后面讨论。

5.1.2　无参函数和有参函数

函数的调用形式为：

函数名(参数列表)

根据参数列表中参数的数量可以分为无参函数和有参函数。

无参函数：调用时无须传入参数的函数。例如：控制台输入函数 Console.ReadLine();

有参函数：调用时需要传入参数的函数。函数的参数可以是一个或多个。若有多个参数，参数之间需用逗号隔开。函数的参数可以是常量、已被赋值的变量、表达式、函数。

示例代码如下：

```
double x=Math.Exp(2);              //单参数函数 Exp
x=Math.Pow(5,4);                   //多参数函数 Pow，参数为常数
double y=Math.Pow(x,2);            //变量 x 作为函数参数
double n=Math.Pow(x+3,y);          //表达式 x+3 作为函数参数
double k=Math.Pow(Math.Sin(x+y),3); //函数 Math.Sin(x+y)作为函数参数
```

5.1.3　函数返回值

函数调用后将得到一个具体的数值，该数值即为函数的返回值，也可以称为函数值。函数返回值可以作为普通操作数使用；函数调用后也可以没有返回值。示例代码如下：

```
int x=Convert.ToInt32(Console.ReadLine());
double y=Math.Pow(x,2)+3*x-5;
Console.WriteLine("y={0}",y);
```

上面的代码中，若从键盘输入 3，则调用 ToInt32 函数后得到的返回值为整型数值 3；调用 Pow 函数后得到的返回值为 9，该函数值作为普通操作数参与了数学表达式的运算；WriteLine 函数调用后没有返回值，只是在控制台窗口输出 y=13 即完成操作。

5.2　自定义函数

自定义函数的一般格式为：

```
static  类型名  函数名([形式参数列表])
{
    函数体语句序列;
```

```
        return value;      //返回值
    }
```

static：与面向对象的概念有关，将在后面讨论。现在只需记住，本章中的自定义函数中都必须使用这个关键字。

类型名和函数值：类型名表示函数的返回值类型。函数值或函数返回值就是函数调用后得到的一个具体数值。"return value;"语句中的 value 即为函数返回值。常见返回值类型有：void、int、double、char、bool、数组等。void 类型表示该函数调用后没有返回值，此时可不返回值，即只写 return，或全部省略"return value;"语句。定义函数时函数的类型名和返回值的类型必须一致，否则，不能通过编译。

函数名：自定义函数时指定的函数名称，以便以后按名称调用。函数名一般采用PascalCase 形式的命名法，即函数名单词组合中每个单词的首字母大写，如 WriteLine() 函数。函数名与变量名的命名规则类似。函数名最好见名知意。

形式参数列表：形式参数列表中列出了实现函数功能需要的数据列表。数据列表中的数据根据函数所要实现的功能确定；多个形参间要用逗号分隔；必须明确指定形参的数据类型；形式参数的数据类型可以是：int、double、char、bool、string、数组等。

自定义一个函数后，该函数可以像 C# 提供的库函数一样被调用。

【例 5.1】自定义函数实现功能：交换两个整形变量的值，在控制台输出交换后这两个整形变量的值。

编程思路：static 关键字是必需的；函数名可以自己命名，最好见名知意，由于要实现的是交换功能，因此可以将其命名为 Swap。由于函数的功能是在控制台窗口中输出两个值，不需要返回值，因此，函数的类型应该为 void 类型。相应的返回值语句可以省略，或者返回值语句仅有"return;"即可。函数的功能是交换两个整形变量的值，因此形式参数列表中需要有两个变量，并且变量的类型应该是整数类型。

建立控制台应用程序，自定义函数 Swap，实现交换和输出两个整型变量值功能。在 Main函数中调用和测试自定义函数 Swap。最终代码如下：

```
namespace ConsoleApp1
{
    class Program
    {
        static void Main(string[] args)
        {
            int x=8,y=2;
            Swap(x,y);
            Console.ReadKey();
        }
        static void Swap(int a,int b)
        {
            int t;
            t=a;
            a=b;
```

```
        b=t;
        Console.WriteLine("交换后: a={0},b={1}",a,b);
    }
}
}
```

代码分析：首先要注意的是，自定义函数 Swap 和 Main 函数都是函数，二者是并列的关系，不可以将 Swap 函数的定义写在 Main 函数中。

在 Swap 函数体内，用 "t = a; a = b;b = t;" 三条语句通过中间变量 t 实现了 a 和 b 值的交换。

注意：本例中自定义函数的调用方式 Swap(x,y)和库函数的调用方式（如 Math.Pow(x,y)）在形式上有所不同，其实在本质上二者是相同的。Math.Pow(x,y)这种方式的调用明确指出了调用 Math 类中的 Pow 功能函数。仔细观察代码可以发现，class Program{…}模块其实就是定义了一个类 Program，Main 函数和 Swap 函数都是属于 Program 类中的，因此也可以通过 Program.Swap(x,y);的形式调用 Swap 函数。再仔细观察代码可以发现，namespace ConsoleApp1{…}模块定义了名称空间 ConsoleApp1，类 Program 是包含在名称空间 ConsoleApp1 中的，因此也可以通过 ConsoleApp1.Program.Swap(x,y);的形式调用 Swap 函数，这种形式可以理解为调用名称空间 ConsoleApp1 中的 Program 类中的 Swap 函数功能。这有点类似于 Windows 操作系统中文件路径的概念。读者可自行练习 Swap 函数的上述调用方式，并体会 C#代码的组织形式。

函数的调用：调用时要注意参数的数量，每个参数的类型都要和函数定义时的参数列表相匹配。例如本例中 Swap 函数定义时有两个参数，且均为 int 类型，因此调用时的参数使用了两个参数 x 和 y，且均为 int 类型。若定义 x 和 y 时使用了语句 "float x = 8, y = 2;"，则调用 Swap(x,y)将不能通过编译，因为参数不匹配。

【例 5.2】模拟 Math.Pow(x,y)功能。自定义函数，计算任意实数 x 的 y（正整数）次方。

编程思路：static 关键字是必须的；函数名可命名为 Power。由于函数的功能是计算一个实数的正整数次方值，因此，函数必然有一个实数类型的返回值，函数类型应为实数类型 float 或 double 类型。相应地，函数的返回值语句中的返回值应与函数类型相同。函数要计算一个实数的正整数次方值，因此形式参数列表中需要有两个变量，并且一个变量应为实数类型，一个变量应为整数类型。

建立控制台应用程序，自定义函数 Power，计算实数的正整数次方值。在 Main 函数中调用和测试自定义函数 Power。最终代码如下：

```
Class program
{
    static void Main(string[] args)
    {
        Console.Write("计算 x 的 y 次方\n 请输入任意实数 x: ");
        double x =Convert.ToDouble(Console.ReadLine());
        Console.Write("请输入任意正整数指数 y: ");
        int y=Convert.ToInt32(Console.ReadLine());
        double z=Power(x,y);
        Console.WriteLine("{0}的{1}次方为: {2}",x,y,z);
```

```
        Console.ReadKey();
    }
    static double Power(double a,int b)
    {
        double result=1;
        for(int i=1;i<=b;i++)
            result*=a;
        return result;
    }
}
```

代码分析：函数 Power 的定义中，实数参数采用了 double 类型，则计算的最终结果必然为 double 类型，要返回一个 double 类型数据，因此，函数的类型必须为 double 类型。Power 函数功能实现中，定义了 double 型变量 result 保存最终结果，通过循环连续乘的方式将计算的结果保存到 result 中，并返回。

在 Main 函数中调用 Power 函数时，按照 Power 函数的定义，给出了一个实数和一个整型数参数。由于 Power 函数的返回值为 double 类型，因此必须定义一个 double 类型的变量 z，接收调用 Power 函数后的结果。

思考：

① 调用本例实现的 Power 函数，若第二个参数输入负整数，输出为什么结果？请改写代码，使 Power 函数可支持负整数次方的计算。

② 挑战一下，尝试进一步改写 Power 函数，使其可支持实数次方的计算，即实现和 Math.Pow(x,y) 同等的功能。

【例 5.3】非有效输入值的判断。从键盘输入一个正整数，在控制台窗口输出其平方根。要求编写函数判断输入数据中是否存在非有效数据，并返回判断结果。若输入中均为有效数据则返回 true，否则返回 false。在 Main 函数中根据判断结果决定是否计算输入数据的平方根。

编程思路：static 关键字是必需的；函数名可命名为 InputValid。由于要求函数的判断结果为 true 或 false，因此，函数类型和函数返回值类型均为 bool 类型。函数要判断输入字符串中是否有非有效数据，因此形式参数应为一个字符串类型的变量。

建立控制台应用程序，自定义函数 InputValid，判断输入字符串中是否存在非有效数据。在 Main 函数中调用和测试自定义函数 InputValid。最终代码如下：

```
Class program
{
    static void Main(string[] args)
    {
        Console.Write("计算一个正整数的平方根\n 请输入一个正整数: ");
        string s=Console.ReadLine();
        if(InputValid(s))
            Console.WriteLine("该数的平方根为:{0}",Math.Sqrt(Convert.ToInt32(s)));
        else
            Console.WriteLine("输入值非正整数。");
        Console.ReadKey();
```

```
    }
    static bool InputValid(string s)
    {
        for(int i=0;i<s.Length;i++)
            if(s[i]<'0'||s[i]>'9')
                return false;
        return true;
    }
}
```

代码分析：InputValid 函数功能实现中，将字符串 s 作为字符数组，通过字符比较，依次判断输入的字符中是否有字符 0~9 之外的字符。若输入中均为有效字符，则循环体语句中的单分支 if(s[i] < '0' || s[i] > '9')的条件始终不成立，return false;语句始终不会被执行，直到循环执行结束后，通过"return true;"语句返回值：true。如输入中存在非有效数据，则当判断到第一个非有效数字时，单分支 if(s[i] < '0' || s[i] > '9')的条件将会成立，则执行单分支 if 对应的语句序列"return false;"，结束函数的执行和调用，函数返回值为 false。此时，后面的字符虽然还没有被判断，但随着函数调用结束，函数中正在执行的循环结构的执行也将随之终止。因此，本例代码中有两个 return 语句并不矛盾。请注意 return 的用法，函数中可以根据功能需求，在需要返回的位置通过设置 return 语句返回，因此，函数中可以通过不同的 return 语句，返回不同的值。

本例代码 InputValid 函数编写为如下格式也可以，这样函数体中只有一条 return 语句，函数的结束方式、循环结构的结束方式也与上面的代码不同，请读者注意分析和体会。代码如下：

```
static bool InputValid(string s)
{
    bool result=true;
    for(int i=0;i<s.Length;i++)
        if(s[i]<'0'||s[i]>'9')
        {
            result=false;
            break;      //发现第一个非有效数字，立即结束循环
        }
    return result;
}
```

此外，Main 方法中的语句"if(InputValid(s))"也可以写为"if (InputValid(s)==true)"。后一种方式对于初学者更易于理解。对于后者，若 InputValid(s)的返回值为 true，关系表达式 InputValid(s)==true 的运算结果也为 true。若 InputValid(s)的返回值为 false，关系表达式 InputValid(s)==true 的运算结果仍为 false。显然，这一步运算是多余的，可以省略的。前一种表达方式更为简洁、高效、常见。

【例 5.4】编写 m 选 n 抽奖函数，返回选出的 n 个数。并在 Main 方法调用抽奖函数。

编程分析：static 关键字是必需的；函数名可命名为 ChouJiang。要求函数返回抽出的 n 个数，而函数的返回值只能是一个，解决的方法是：在函数中定义一个整型数组，将抽出的 n 个数存入该数组中，将整个数组作为一个返回值。因此，函数类型和函数返回值类型应设为整型数组类型。函数要实现 m 选 n 功能，因此形式参数列表中应为两个整数类型的变量。

编程实现：建立控制台应用程序，自定义函数 ChouJiang，实现 m 选 n 功能。在 Main 函

数中调用和测试自定义函数 ChouJiang。最终代码如下:

```
Class program
{
    static void Main(string[] args)
    {
        Console.Write("请输入 m 值: ");
        int x=Convert.ToInt32(Console.ReadLine());
        Console.Write("请输入 n 值: ");
        int y=Convert.ToInt32(Console.ReadLine());
        Console.WriteLine("{0}选{1}抽奖的结果是: ",x,y);
        int[] result=ChouJiang(x,y);
        foreach(int z in result)
            Console.Write("{0} ",z);
        Console.ReadKey();
    }
    static int[] ChouJiang(int m,int n)
    {
        Random ran=new Random();
        int[] a=new int[n];              //定义数组，保存选中的 n 个数
        for(int i=0;i<n;i++)
        {
            a[i]=ran.Next(1,m+1);        //生成一个新随机数，暂时保存到数组中
            for(int j=0;j<i;j++)         //循环访问前 i 个数，判断新随机数是否重复
                if(a[j]==a[i])           //新随机数已经存在
                {
                    i--;                 //增加一次循环，本次生成的 a[i] 重新生成
                    break;
                }
        }
        return a;                        //循环结束，得到的数组返回
    }
}
```

代码分析: ChouJiang 函数功能的实现思路见例 4.2。由于函数的返回值是整型数组，因此在 Main 函数中定义了整型数组 int[] result 来接收返回值。此外，请注意数组作为返回值的语法: return 数组名;即可

5.3 函数的调用

调用函数就是使用函数。在前面的自定义函数实例中，均在 Main 函数中调用了自定义的函数。本节进一步介绍函数调用相关的基础概念。

思考: 在例 5.1 中，如要求自定义函数 Swap 仅实现两个数据的交换，无需输出。在 Main 函数中调用 Swap 函数实现两个数据交换后，再将交换后的变量值输出到控制台窗口，简单修改原例 5.1 程序代码为如下形式，是否可以实现?

代码如下:

```
Class program
```

```
    {
        static void Main(string[] args)
        {
            int x=5,y=6;
            Swap(x,y);
            Console.WriteLine("交换后: a={0},b={1}",a,b);
            Console.ReadKey();
        }
        static void Swap(int a,int b)
        {
            int t;
            t=a;
            a=b;
            b=t;
        }
    }
```

运行该段程序会发现不能通过编译，提示"不存在名称 a,b"。为什么？若将语句 "Console.WriteLine("交换后：a={0},b={1}", a, b);"替换为语句："Console.WriteLine("交换后：x={0},y={1}", x, y);"，程序即可正常编译和运行。然而，观察程序运行结果，发现 x 和 y 的值并没有交换，为什么？

5.3.1　形式参数和实际参数

在函数定义时，函数参数列表中的参数值并不确定。例如 static void Swap(int a,int b){…} 函数定义中，变量 a 和 b 的值是不确定的，其可以视为两个虚拟值，仅在形式上代表两个整型数。因此在函数定义时称为"形式参数"（简称"形参"）。当调用一个函数时，函数名后面括号中的参数称为"实际参数"（简称"实参"）。例如 Main 函数中调用 Swap 的语句"Swap(x, y)"中，x、y 即是实参，其值是确定的，分别为 5、6。

函数调用必须按要求进行参数传递，实参和形参的数量和类型均要一一对应。例如语句 "Double x= Math.Pow("5", 4);"即为错误的调用，因为实参"5"类型与 Pow 函数要求的形参类型不一致。

5.3.2　函数调用的过程

在函数定义中的形式参数，在该函数被调用之前，可以视为虚拟变量，它们并不占内存中的存储单元。例如上例中在执行调用语句"Swap(x,y);"之前，Swap 函数的形式参数 a 和 b 并不占内存空间。此时内存中变量存放示意图如图 5-1（a）所示。

当执行函数调用语句时，系统将在内存中为函数形参列表中的形式参数分配存储单元，调用时的实际参数值会被传递给形式参数，即实参值被存入对应的形参变量中。例如 "Swap(x,y);"语句执行时，系统将为函数形式参数 a 和 b 分配内存空间，并将 x、y 值对应地传递给 a、b。此时内存中变量存放示意图如图 5-1（b）所示。

在自定义函数的函数体语句执行期间，可以利用形式参数进行相关的运算。例如 Swap 函数体中通过语句"int t; t = a; a = b; b = t;"交换 a 和 b 的值。此时内存中变量存放示意图如图 5-1（c）所示。因此，在 Swap 函数中，当交换完成后输出 a、b 将输出交换后的数值。

　　函数调用结束时，通过 return 语句将函数运行的最终结果（函数返回值）返回。函数调用结束，被调用函数的形参以及函数中定义的变量在内存中将被释放。Swap 函数为 void 类型，调用后并没有返回值。在调用结束后，形式参数 a、b 以及函数内定义的变量 t 将被释放。此时内存中变量存放示意图如图 5-1（d）所示。函数调用结束后，程序将返回原调用处继续运行。例如上例中 "Swap(x,y);" 调用结束，将返回到 Main 函数的调用处继续执行后面的代码，将执行语句 "Console.WriteLine("交换后：a={0},b={1}", a, b);"。由图 5-1（d）分析可知，此时，内存中并不存在变量 a、b。因此将提示错误信息 "不存在名称 a，b"。若将该行语句替换为 "Console.WriteLine("交换后：x={0},y={1}", x, y);"，从图 5-1（d）可知，变量 x、y 的值并没有变化，输出均为原先的值。

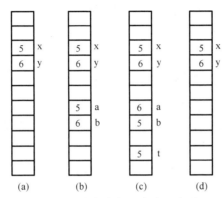

图 5-1　内存中变量存放示意图

5.3.3　局部变量和全局变量

　　通过分析上述函数的调用过程可以看出，变量 a、b、t 仅在函数 Swap 内部是有效的，其作用范围仅限于 Swap 函数内，这就是变量的作用域问题。根据变量的作用范围，变量可以分为局部变量和全局变量。局部变量可定义为作用域仅限于一个函数内部的变量。全局变量可定义为作用域可覆盖多个函数的变量。例如，修改上例代码如下：

```
class Program
{
    static int t;
    static void Main(string[] args)
    {
        int x=8,y=2;
        Swap(x,y);
        Console.WriteLine("交换后: x={0},y={1}",x,y);
        Console.ReadKey();
    }
    public static void Swap(int a,int b)
    {
        t=a;
        a=b;
        b=t;
    }
}
```

代码中"static int t;"语句定义了全局变量 t。static 与类的概念有关，此处暂不讨论。全局变量 t 的作用域可包括 Main 函数和 Swap 函数，因此，虽然修改后 Swap 函数中没有定义 t，但仍可以使用变量 t。此时，Swap 函数中使用的变量 t 即为全局变量 t。变量 x、y、a、b 的作用范围仅为定义其的函数内，都是局部变量。

从语句模块（即以一对{}括起来的语句体为一个模块）的角度来看，变量的作用域为：从定义该变量的位置起，直到定义该变量的模块结束。例如："static int t;"语句在 class Program{...}模块中定义了变量 t，t 的作用范围即从定义 t 开始，直到 Program{...}模块结束。t 作用范围包括了 Main 函数和 Swap 函数，因此，可以在这两个函数中使用变量 t。而 x、y 作用范围仅限于 Main 函数模块，a、b 作用范围仅限于 Swap 函数模块。

本例说明了变量的作用域、全局变量和局部变量的概念。但程序输出结果依然不能实现变量 x 和 y 的交换。

5.3.4　值传递和引用传递

上例代码中不能实现变量 x、y 数据交换的原因是实参向形参传递数据中使用了值传递的数据传递方式。值传递即把实际参数的值传递给形式参数。函数调用时采用值传递方式，x、y 和 a、b 是不同的变量，占有不同的存储空间。Swap 函数中交换了变量 a 和 b 的值，x 和 y 的值并不受影响，因此依然输出原值。

采用引用传递的方式，即可同时交换变量 x 和 y 的值。因为实参到形参值的引用传递其实是把实参在内存中的地址传递给函数的形参，因此形参变量具有和实参变量相同的内存的地址，本质上形参 a、b 和实参 x、y 是相同的，其内存变量存放示意图如图 5-2 所示。这样，交换形参 a、b 的值也就是交换 x、y 的值。

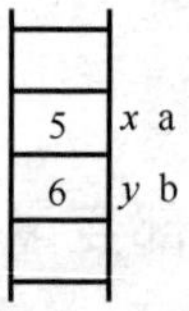

图 5-2　内存变量存放示意图

要使用引用类型数据传递，函数的定义和调用均要在实参和形参变量前加 ref 关键字，指定数据传递方式为引用传递。如下例代码：

```
class Program
{
    static void Main(string[] args)
    {
        int x=5,y=6;
        swap(ref x,ref y);
        Console.WriteLine("{0} {1}",x,y);
        Console.ReadKey();
    }
    static void swap(ref int a,ref int b)
    {
        int t=a;
        a=b;
        b=t;
    }
}
```

5.3.5　函数的嵌套调用

在定义函数时，在函数体内部不可以再定义一个新的函数，但可以在函数体中调用另一个函数，这就是函数的嵌套调用。函数的嵌套调用过程如图 5-3 所示。图中 Main 函数执行过程中调用了 A 函数，则程序将转去执行 A 函数。在 A 函数执行中又调用了 B 函数，则程序又转而执行 B 函数，A 函数运行结束后，程序将返回到 A 函数调用 B 函数处继续运行；A 函数运行结束后，将返回到 Main 函数调用 A 函数处继续运行，直到程序运行结束。

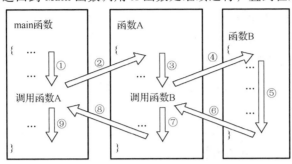

图 5-3　函数的嵌套调用过程

在函数的嵌套调用过程中，一种特殊的调用即为一个函数直接或间接地调用了该函数本身。这种调用即为函数的递归调用。递归算法是指一种通过重复将问题分解为同类的子问题而解决问题的方法。

【例 5.5】编写递归函数，用递归的方法求 $n!$。

编程思路：假设函数 $f(n)=n!$，则求 $f(n)$ 可转化为求 $n \cdot f(n-1)$，此时需要先求 $f(n-1)$ 的值，而 $f(n-1)$ 可转化为求 $(n-1) \cdot f(n-2)$，则又需要求 $f(n-2)$ 的值，……依此类推，直到 $f(1)$，$f(1)=1$，再返回求 $f(2)=2 \cdot f(1)=2$，再返回求 $f(3)$，……，直到求出 $f(n)$ 的值。这样就将求 $f(n)$ 反复分解为同类的子问题，此类问题用递归的方法可以很好地解决。上述过程可用数学公式表述如下：

$$f(n) = \begin{cases} 1; & n=1 \\ n \cdot f(n-1); & n>1 \end{cases}$$

定义函数：将函数命名为 f；要求任意整数的阶乘，需要给出一个整数，因此，函数参数可定义为 int 类型；最终得到的值 n! 为整数，函数类型和返回值类型均为 int 类型。

建立控制台应用程序，自定义函数 f，实现求 n! 功能。在 Main 函数中调用和测试自定义函数 f。最终代码如下：

```
class Program
{
    static void Main(string[] args)
    {
        Console.Write("请输入要求阶乘的正整数: ");
        int a=Convert.ToInt32(Console.ReadLine());
        Console.WriteLine("{0}的阶乘为: {1}",a,f(a));
        Console.ReadKey();
    }
    static int f(int n)
    {
        int result;
        if(n==1)
            result=1;
        else
```

```
        result=n*f(n-1);
      return result;
    }
}
```

代码分析：执行 f(n)时，定义了一个变量 result，并将调用 f(n-1)；执行 f(n-1)时将再次定义一个变量 result（该 result 和 f(n)中定义的 result 是不同的两个变量，二者都是局部变量，其作用域分别为 f(n-1)、f(n)内），并将调用 f(n-2)；执行 f(n-2)时将再次定义一个变量 result……从中可以看出，通过对自身的反复调用，递归算法需要占用更多的内存资源。

思考： 分别用循环方式和递归方法实现求 n!。对比分析这两种方法对内存的占用的，更深入地理解程序的运行。

在函数的递归调用中，除函数内部的变量定义需要占用内存外，调用函数时需要保存当前函数的运行状态，以便得到调用结果后从当前状态恢复运行。要保存函数的当前状态，同样需要占用内存空间。

上述递归函数 f 的实现方式很直观。将函数定义为如下格式亦可，而且更加简洁、常见。

```
static int f(int n)
{
    if(n==1)
        return 1;
    else
        return n*f(n-1);
}
```

思考： 如函数定义为如下形式，运行结果是什么？

```
static int f(int n)
{
    return n*f(n-1);
}
```

从理论上分析，少了 n=1 时的处理，则 f(n)将调用 f(n-1)，f(n-1)将调用 f(n-2)，……，f(1)将调用 f(0)，f(0)将调用 f(-1)，……，将无限地调用下去，类似一个无限循环。在实际运行中，A 函数执行中调用 B 函数，需要占用内存中一部分堆空间保存 A 函数的运行状态，这样的无限函数调用会很快耗光堆栈空间，导致程序崩溃。

从以上分析可知，编写递归函数一定要有终止递归的语句。通常可以用 if 语句来控制，根据某一条件是否成立，判断是继续递归还是终止递归。例如本例中的语句：

```
if(n==1) return 1;
```

【例 5.6】 编写函数，用递归的方法计算 Fibonacci 数列。

编程分析：Fibonacci 数列可用数学公式表述，如下所述。

$$f(n) = \begin{cases} 1, & n=1,2 \\ f(n-1)+f(n-2), & n>2 \end{cases}$$

函数类型和返回值类型为 int 类型；参数 n 应为 int 类型；递归函数的终止条件为参数 n=1, 2。

建立控制台应用程序，自定义函数 Fibo，实现求 Fibonacci 数列功能。在 Main 函数中调用和测试自定义函数 Fibo。最终代码如下：

```
class Program
{
    static void Main(string[] args)
    {
        Console.Write("请输入第几个月: ");
        int a=Convert.ToInt32(Console.ReadLine());
        Console.WriteLine("第{0}个月的兔子对数为: {1}",a,Fibo(a));
        Console.ReadKey();
    }
    static int Fibo(int n)
    {
        if(n==1||n==2)
            return 1;
        else
            return  Fibo(n-1)+Fibo(n -2);
    }
}
```

习题

一、选择题

1. 以下关于函数的说法中，错误的是（   ）。

A. 函数可以没有形参

B. 函数的形参可以有多个，多个形参间以分号间隔

C. 函数可以没有返回值

D. 函数的类型必须和返回值类型一致

2. 在下列叙述中，错误的一条是（   ）。

A. 函数中的形参在函数调用前不占用内存空间

B. 不同函数中，可以使用相同名称的变量

C. 函数中的形式参数是局部变量

D. 函数调用时，实参和形参的类型必须一致

E. 以"值传递"方式调用函数时，形参值得改变将引起相应实参值的改变

3. 有函数调用语句"func(x1, x2||x3,x4>x5);"，在该函数调用语句中，含有的实参个数是（   ）。

A. 3   B. 4   C. 5   D. 肯定有语法错误

4. 以下所列的各函数首部中，正确的是（   ）。

A. static void play(int a,b)   B. static play(int a, char   b)

C. static int play(int a, int [])   D. static int play(int a, int b)

5. 以下程序的输出结果是（   ）。

```
class Program
{
    static int d=3;
    static void Main(string[] args)
```

```
    {
        int a=3;
        Console.WriteLine("{0} ",func(a)+func(d));
        Console.ReadKey();
    }
    static int func(int x)
    {
        d+=x;
        return  d;
    }
}
```

    A. 6   B. 9   C. 12   D. 18

6. 下列程序执行后的输出结果是（   ）。

```
class Program
{
    static void Main(string[] args)
    {
        int a=0;
        string str="hello";
        func1(str,a);
        Console.ReadKey();
    }
    static void func1(string s,int x)
    {
        Console.Write("{0}",s[x]);
        if(x<3)
        {
            x+=2;
            func2(s,x);
        }
    }
    static void func2(string s,int x)
    {
        Console.Write("{0}",s[x]);
        if(x<3)
        {
            x+=2;
            func1(s,x);
        }
    }
}
```

    A. hello   B. hel   C. hlo   D. hlm

7. 以下程序的输出结果是（   ）。

```
class Program
{
    static void Main(string[] args)
    {
        int i=1,a=0;
        while(a<20)
        {
            a+=func1(i);
            i++;
        }
        Console.WriteLine("{0} {1}",i,a);
        Console.ReadKey();
    }
    static int func1(int x)
    {
        return x*x;
    }
}
```

  A. 6　25   B. 6　30   C. 5　30   D. 5　25

8. 以下程序的输出结果是（　　）。

```
class Program
{
    static void Main(string[] args)
    {
        double z=30;
        func1(3,4,z);
        Console.WriteLine("{0} {1}",func1(3,4,z),z);
        Console.ReadKey();
    }
    static double func1(int x,int y,double z)
    {
        z=Math.Sqrt(x*x+y*y);
        return z;
    }
}
```

  A. 5　5   B. 30　30   C. 30　5   D. 5　30

9. 以下程序的输出结果是（　　）。

```
class Program
{
    static void Main(string[] args)
    {
        Console.WriteLine("{0}",func(5));
        Console.ReadKey();
    }
```

```
    static int func(int n)
    {
        int s;
        if(n==1||n==2)
            s=2;
        else
            s=n-func(n-1);
        return s;
    }
}
```

    A. 1   B. 2   C. 3   D. 4

10. 以下程序的输出结果是（　　）。

```
class Program
{
    static void Main(string[] args)
    {
        int x=2,y=5,z=8,n;
        n=func(func(x,y),z);
        Console.WriteLine("{0}",n);
        Console.ReadKey();
    }
    static int func(int a,int b)
    {
        return a+b;
    }
}
```

    A. 7   B. 13   C. 15   D. 20

11. 以下程序的输出结果是（　　）。

```
class Program
{
    static void Main(string[] args)
    {
        int sum=func(4);
        Console.WriteLine("{0}",sum);
        Console.ReadKey();
    }
    static int func(int n)
    {
        if(n>2)
            return func(n-1)+2*func(n-2);
        else
            return 2;
    }
}
```

A. 6   B. 8   C. 10   D. 12

12. 下列程序结构中, 不正确的是 (   )。

A.

```
class Program
{
    static void Main(string[] args)
    {
        double  sum=func(4);
        Console.WriteLine("{0}",sum);
        Console.ReadKey();
    }
    static int func(int n)
    {
        n*=n;
        return  n;
    }
}
```

B.

```
class Program
{
    static void Main(string[] args)
    {
        double  a=5,b=9;
        int x=func(a.b);
        Console.WriteLine("{0}",x);
        Console.ReadKey();
    }
    static int func(int a,int b)
    {
        b/=a;
        return  b;
    }
}
```

C.

```
class Program
{
    static void Main(string[] args)
    {
        double  a=5,b=9;
        int x=func(a.b);
        Console.WriteLine("{0}",x);
```

```
        Console.ReadKey();
    }
    static void func(int a,int b)
    {
        b/=a;
    }
}
```

D.

```
class Program
{
    static void Main(string[] args)
    {
        double  a=5,b=9;
        int x=func(a.b);
        Console.WriteLine("{0}",x);
        Console.ReadKey();
    }
    static void func(int a,int b)
    {
        b/=a;
        return b;
    }
}
```

13. 以下程序的输出结果为（   ）。

```
class Program
{
    static void Main(string[] args)
    {
        int [] a={4,3,10,5,2,6,8,9,7,1};
        int x=func(a,9);
        Console.WriteLine("{0}",x);
        Console.ReadKey();
    }
    static int func(int[] x,int n)
    {
        int i,r=1;
        for(i=1;i<=n;i*=2)
        {
            r+=r*x[i];
            if(r>100)
                break;
        }
        return r;
    }
}
```

A. 368   B.308   C. 254   D. 132

14. 以下程序的输出结果是（　　）。

```
class Program
{
static void Main(string[] args)
    {
        func(5);
        Console.ReadKey();
    }
    static void func(int n)
    {
        if(n>0)
            func(n-1);
        Console.Write("{0}",n);
    }
}
```

    A. 54321   B. 12345   C. 012345   D. 543210

二、填空题

1. 以下函数的功能是：求 x 的 y 次方，请填空。

```
static double fun(double x,int  y)
{
    double z=x;
    for(int i=1;____;____)
        _____ ;
    return z;
}
```

2. 以下程序中，主函数调用了 ArrayMax 函数，找出一维整型数组中的最大值，并输出最大值所在的位置和最大值。请填空，使程序功能完整。

```
class Program
{
    static void Main(string[] args)
    {
        int []x ={1,5,7,4,2,6,4,3,8,12,3,1};
        ArrayMax(x);//调用函数
        Console.ReadKey();
    }
    static _____ ArrayMax(int []a)
    {
    int loca=0,i=0,max=a[0];
        foreach(_____)
        {
            if(_____)
            {
                max=x;
                _____ ;
            }
        }
```

```
            i++;
        }
        Console.Write("{0},{1}",loca,max);
    }
}
```

3. 有一句俗语叫"三天打鱼两天晒网"。某人从 1990 年 1 月 1 日起开始"三天打鱼两天晒网"，求解这个人在以后的某一天中是"打鱼"还是"晒网"。

解决问题的思路为：计算经过的完整年分的总天数；计算最后一年经过的完整月的总天数；计算已经经过的总天数；将计算出的总天数用 5 去除，若余数为 1、2、3，则其在"打鱼"，否则是在"晒网"。

解决该问题的程序代码如下。根据注释提示填空，使程序功能完整。

```
class Program
{
    static void Main(string[] args)
    {
        Console.Write("输入日期（格式如：20170518）:");
        string s=Console.ReadLine();
        //year、month、day 保存输入年月日对应的整数值。
        int year=_____;
        int month=_____;
        int day= _____;
        int sum=_____+SumMonth(year,month)+day;
        if( _____ )
            Console.WriteLine("打鱼！");
        else
            Console.WriteLine("晒网！");
        Console.ReadKey();
    }
    //RunNian（）方法判断某年是否为闰年。
    static _____ RunNian(int x)
    {
        if( _____ )
            return true;
        else
            return false;
    }
    //SumYear()方法计算并返回已经经过的完整年的总天数。
    static int SumYear(         )
    {
        int sum=0;
        for(int i=1990;i<x;i++)
        {
            if(_____)          //调用函数判断是否闰年
                sum+=366;       //闰年
            else
```

```
            sum+=365;
        }
        _____;
    }
    // SumMonth()方法计算最后一年经过的完整月的总天数
    static _____ SumMonth(_____)
    {
        _____ dayMonth={31,28,31,30,31,30,31,31,30,31,30,31};
        int sum=0;
        _____                //循环控制
        while(i<y)              //while 循环计算最后一年已经过完整月的总天数
        {
            sum+=dayMonth[i];
            _____             //循环控制
        }
        if( _____ )            //处理闰年，2 月 29 天
            sum++;
        return sum;
    }
}
```

三、编程题

1. 编写函数，删除输入字符串中的指定字符。要求字符串和字符均由用户输入。在主函数中调用该函数，测试函数功能。

2. 编写函数，将给定字符串按逆序排列，并返回逆序后的结果。在主函数中从键盘输入任意字符串，调用编写的函数实现逆序，并输出。

3. 编写函数，用选择排序法对一维数组进行排序，并返回排序后的数组。在主函数中调用该排序函数，验证排序功能。

4. 编写函数，用二分排序法对一维数组进行排序，并返回排序后的数组。在主函数中调用该排序函数，验证排序功能。

5. 用二维数组保存学生的考试成绩，如表 5-1 所示。

表 5-1　学生考试成绩

	语文	数学	历史	地理	生物	体育	英语
李小勇	89	79	82	82	74	91	84
张天天	78	42	66	75	81	96	69
高秋风	65	63	95	68	69	84	79
林楠	66	84	88	93	75	75	88
王宏山	79	99	72	88	59	82	92

（1）编写函数，统计有科目不及格同学的人数，并返回统计的人数。

（2）编写函数，根据输入的列号（代表某课程），将该课程最高分和最低分输出。

（3）编写函数，根据输入的行号（代表某同学）计算该同学的平均成绩并返回该值。

（4）编写函数，统计平均成绩前三名的行号，并返回行号。

在主函数中定义成绩数组，并依次调用编写的函数，完成相关数据统计。

第 **6** 章
面向对象和
Windows 编程基础

在学习前面介绍的控制台应用程序之后，要编写目前广泛使用的图形界面化的程序，例如要开发一个如图 6-1 所示的简单计算器应用程序，还是非常困难的。为了简化类似的编程开发工作，提高程序开发效率，通过支持面向对象编程和可视化 Windows 编程，Visual Studio 为程序开发者提供了一个功能强大、简洁易用的工具，使程序开发者可以高效地创建图形界面化的 Windows 应用程序。本章以"简单计算器"应用程序的设计为线索，介绍面向对象编程和 Windows 编程的基本概念。

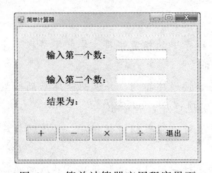

图 6-1　简单计算器应用程序界面

6.1　面向对象的程序设计

与面向对象的程序设计相对应，本章之前的程序设计方法被称为面向过程的程序设计。随着程序设计规模的不断增大，面向过程的程序设计方法存在维护、扩展困难的缺陷。随着编程技术的发展，面向对象程序设计作为一种新的程序设计模式被提出。通过面向对象编程技术，极大地提高了软件开发效率，而且使程序更易于维护、扩展。目前，面向对象的程序设计在软件开发中应用非常广泛，除 C#、C++外，Java、Python 等语言均采用面向对象的思想。

面向对象程序设计最基本的概念有：类、对象、属性、事件、方法等。

6.1.1　类

类是对具有相同特征的一组事物的描述，描述了属于该类型的所有事物的公共特征。类是一个抽象概念。

例如：在现实世界中我们可以将大学生这个群体看做一个类，可以通过一个"大学生"类模块描述大学生如下：

```
大学生{
    学号；
    姓名；
    专业；
    上课；
} ...
```

这个"大学生"类描述了所有大学生所具有的公共特征，如大学生都有学号、姓名、专业，都要上课等。这个"大学生"类是一个抽象的定义，从这个"大学生"类可以看到大学生有学号，有姓名，但具体的学号和姓名是什么，无从得知。因此，"大学生"类是一个抽象的概念。

通过观察和分析大量软件开发工作，可以发现有很多类似的功能经常被用到。对于某一类常用功能，可以编写一个专门实现该类功能的程序模块，当后面再次编写类似功能时，只需直接调用这个功能模块，就可以大大简化开发工作，提高开发效率。在面向对象的程序设计中，这样的实现某一类功能的程序模块称为类模块或类。在 C#中，针对软件程序开发中的各种常用功能，开发实现了大量的类，这些 Visual Studio 系统提供的类可称为系统类。例如：如图 6-2 所示的界面外边框在程序设计中普遍存在，如 Office 系列软件均使用类似边框，此外，各种浏览器甚至 Visual Studio 本身也使用类似的边框。对于这一类应用普遍的程序模块，在 C#中实现了一个类：窗体类。在窗体类中描述了所有窗体的公共特征，如标题、高度、宽度、最大化、最小化等。在图 6-1 中，对于非常常用的+、−、×、÷对应的按钮功能，实现了"按钮类"；对于常用的用于接受键盘输入的矩形区域，实现了"文本框"类；……当软件开发中需要使用某个类对应的功能时，只需调用实现好的类模块，再根据具体的应用需求，修改类的某些公共特征对应的值即可。

在 Visual Studio 中，除已提供的系统类之外，在应用程序的开发过程中，程序员也可以根据实际需求，自己编写类模块，即自定义类。关于自定义类的内容将在第 10 章介绍。

图 6-2　界面外边框

6.1.2　对象

类是抽象的。例如对于窗体类，有标题、有高度，但具体的标题、高度是什么，并没有具体给定。对象是具体的，是类的实例，通过调用类可以生成一个类的对象。例如某个大学生张三，就是"大学生"类的一个实例，在面向对象的编程中就称"张三"为"大学生"类的一个对象。类的任何对象都是具体的。任何大学生个体，即"大学生"类的对象都是具体的，都有具体的学号、姓名和专业。在图 6-2 所示实例中，通过调用"窗体"类，可生成一个"窗体"类的一个具体实例，即窗体类的一个对象，其标题"简单计算器"是具体的，高度、宽度也是具体的。同样地，通过调用按钮类，可以生成一个"按钮"对象。通过五次调用按钮类，可以生成 5 个"按钮"类的对象。通过这种方法，图 6-1 所示的"简单计算器"程序设计就变成了：窗体对象+按钮对象+按钮对象……程序设计就演变成了各种对象的组合。Visual Studio 中提供了大量的常用系统类，通过在应用程序中调用大量成熟的类，可以极大地缩短开发时间，提高开发效率，这正是基于面向对象的应用程序开发的一大优点。

6.1.3 属性

属性是对象的特征，比如学生类对象张三的学号、姓名和专业都是该对象的属性。

在开发基于 Windows 窗体的应用程序时，除需要使用窗体类外，还需要使用很多常用的类，比如标签类、文本框类、按钮类等，这些类被称为常用控件类，如标签控件、按钮控件等。C#中的每个控件对象都具有各自的属性。属性的取值称为"属性值"，属性值可以修改，修改方法将在后面讨论。例如窗体类对象的属性有：标题属性（Text），大小属性（Size）等。当调用窗体类建立一个新的窗体时，将生成一个窗体类的对象，该对象是具体的，其 Text、Size 属性的值是具体的，其值为初始默认值："Form1"、(818,495)。可以通过属性设置，修改这些属性值。例如，图 6-2 所示的窗体对象其 Text、Size 属性分别设置为"简单计算器"、(500,400)。

在基于窗体的应用程序设计中，不同控件对象的属性各不相同，由对象所基于的类决定。有些属性是一般控件所共有的。部分常用的控件属性如表 6-1 所示。

表 6-1　部分常用的控件属性

控 件 属 性	说　　明
Name	名称属性，是对任何一个对象的唯一标识
Text	与控件关联的文本
Size	控件的大小
Location	控件的位置
Font	控件中文本的字体
Backcolor	控件的背景色
Forecolor	控件的前景色
BackgroundImage	控件背景图片
BackgroundImageLayout	控件背景图片的显示方式，居中、拉伸等
Visible	控件是否可见
WindowState	窗体的初始可视状态，最大化，最小化等

6.1.4 事件

在基于 Windows 窗体的应用程序设计中，事件可视为一种预先定义好的、施加在对象上的、可被对象所识别的特定动作。事件由用户或系统激活，在大多情况下，事件通过用户的交互操作而产生并被对象所识别。常用的事件有鼠标事件、键盘事件等。通过用户单击鼠标、移动鼠标、按键等动作，可以触发事件。

如果一个事件具有相关联的程序，即事件的响应代码，则当事件激活时，就自动执行相应的响应代码。否则事件激活后即被忽略。比如按钮类的"单击"事件，是预先定义好的，施加在按钮对象上，并可以被按钮对象识别的动作。对于"简单计算器"中的+、−、×、÷四个按钮对象，每个对象都有自己对应的"单击"事件，当使用鼠标左键单击任一按钮时，该按钮对应的"单击"事件就会发生，系统会自动找到"单击"事件相关联的程序并执行。由于+、−、×、÷除四个按钮对象的"单击"事件要完成的功能各不相同，所以初始默认状态下，事件所对应的响应代码是空的，或者说没有相关联的程序，此时单击按钮，单击事件发生并被识别后，没有程序被执行，即该事件被忽略。要完成加、减、乘、除功能，就需要程序员根据实际的功能需求，为每个按钮的"单击"事件编写相关联的程序。

事件所关联的响应代码需要程序员根据功能需求编写。

表 6-2 列出了 C#中控件对象的一些常用事件。

表 6-2　控件对象常用事件

事　　件	说　　明
Click	单击控件对象时发生
MouseClick	鼠标左键单击控件对象时发生
MouseDown	鼠标单击控件对象时发生
MouseEnter	鼠标在控件对象可见部分之上时发生
MouseLeave	鼠标离开控件对象可见部分之上时发生
MouseMove	鼠标移过控件对象时发生
KeyDown	按下某个键时发生
KeyUp	按键释放时发生
KeyPress	按下并释放按键时发生
Resize	在控件大小改变时发生
Load	在创建窗体对象之前发生
MouseDoubleClick	鼠标双击窗体时发生

6.1.5　方法

方法是类中定义的函数，其意义类似于函数。由于 C#是完全面向对象的程序设计语言，因此，所有的函数都是在类中定义的，因此概念"函数"在 C#中被称为"方法"。

方法的本质是一组预置的程序代码，用于实现特定的功能。一个方法完成一个特定的功能。一个类中可以定义和实现多个方法。通常在事件的响应代码中根据需要调用方法，实现具体的程序功能。

例如对于"简单计算器"中的窗体对象，其 Close 方法是已经预置好的程序代码，用于完成关闭窗体的相关操作。因此，在"退出"按钮的"单击"事件中调用窗体对象的 Close 方法，只需编写程序代码：this.Close()，即可关闭窗体，即退出"简单计算器"。

表 6-3 列出了控件对象的常用方法及其功能。

表 6-3　控件对象的常用方法及其功能

方　　法	功　　能
Show	显示控件对象
Hide	隐藏控件对象
Close	关闭一个窗体对象
Refresh	刷新控件对象

C#中定义和实现了很多类，如窗体类、文本框类、按钮类和标签类等。每一个类的对象都有自己的属性、事件和方法，掌握好这些类对象的属性、事件和方法是学好、用好 C#的关键。

6.2　Windows 编程基础

通过对这一部分的学习，读者可以掌握 Windows 窗体应用程序的开发，更好地理解面向对象的编程和基于事件驱动的 Windows 应用程序的运行。

Windows 应用程序具有与 Windows 操作系统相似的图形化界面和相似的运行、操作模式。Windows 应用程序以事件消息处理为核心，整个程序的运行由事件消息驱动，离不开事件消息和事件消息的处理。常见的事件消息有鼠标操作、键盘输入操作等产生的消息。Windows 应用程序通常由窗体对象和其他控件对象组成。

通过 Visual Studio 提供的可视化开发工具，可以快速开发 Windows 应用程序。Windows 应用程序开发通常有以下步骤：
① 新建窗体应用程序，创建一个窗体。
② 向窗体中添加所需控件对象。
③ 设置控件属性。
④ 为控件添加事件处理程序。

6.2.1　创建一个 Windows 窗体应用程序

打开 Visual Studio 2019，创建新项目。选择"Windows 窗体应用（.NET Framework）"选项，如图 6-3 所示，单击"下一步"按钮，在配置项目窗口中设置项目名称、项目保存位置、解决方案名称。在"项目名称"文本框中设置项目名称为 jsq，或使用默认的项目名称。单击"创建"按钮，将看到如图 6-4 所示的窗体设计界面。

图 6-3　创建新项目

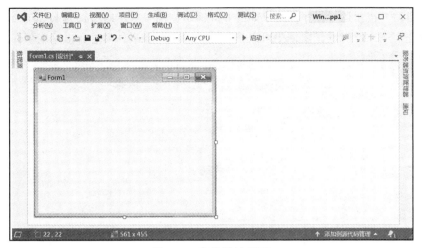

图 6-4　窗体设计界面

在 C#中，系统实现了一个常用窗体类：Form 类，新建窗体就是调用了 Form 类，并从 Form 类派生出了一个新的类：Form1 类（稍后将简要介绍继承和派生），图 6-4 中的矩形框即可视为生成的 Form1 类的对象。生成 Form1 类对应的代码将在后面讨论。

依次单击主菜单中的"视图"→"解决方案资源管理器"命令，即可在屏幕中显示"解决方案资源管理器"窗口，如图 6-5 所示，其中包括了解决方案中的相关文件。

图 6-5　"解决方案资源管理器"窗口

Program.cs 文件中的 Main 方法是 Windows 窗体应用程序运行的入口点。在"解决方案资源管理器"窗口中双击 Program.cs 选项，即可打开该文件。其中的 Main 方法代码如下：

```
static void Main()
{
    Application.EnableVisualStyles();
    Application.SetCompatibleTextRenderingDefault(false);
    Application.Run(new Form1());
}
```

Main 方法中前两行代码是对应用程序的运行环境进行设置。第三行语句通过 new Form1() 调用了从系统 Form 类派生出的类 Form1，生成了一个 Form1 类的实例对象。通过 Application 类中的 Run 方法显示了生成的 Form1 对象，并启动应用程序消息循环。

单击"启动"按钮运行程序，结果如图 6-6 所示。图中所示即可视为 Form1 类的一个窗体对象可视化实例。此时，该窗体中可以接受键盘、鼠标等事件消息，由这些事件消息驱动程序的运行。

图 6-6　运行结果界面

6.2.2　继承和派生

继承是面向对象编程的重要特征之一。利用类的继承机制，程序开发人员可以在已有类的基础上快速构造一个新类。任何类都可以从另外一个类继承，被继承的类称为父类或者基类，继承类被称为子类或派生类。通过继承，子类可以具有父类的基本功能，并且可以通过增加、修改子类中的代码，对子类功能进行扩充，以更好地满足应用程序的功能需求。本例中 Form1 类继承自 Form 类，将具有和 Form 类相同的大部分功能，例如，有标题、高度、宽度等特征属性。但是，系统实现的 Form 窗体类只能调用，不可修改。仅仅继承 Form 类的功能不能完全满足编程需求，因此，需要通过继承的方法，得到子类（派生类）Form1，通过修改子类 Form1 中的代码，更好地满足具体编程需求。例如，在后面"简单计算器"程序的编写中，将在 Form1 类中增加代码，扩展 Form1 类的功能，实现单击按钮完成+、−、×、÷运算。

6.2.3　可视化编程

可视化编程以"所见即所得"的编程思想为原则，通过图形界面化的开发工具，实现了部分编程工作的可视化，在图形界面开发工具中看到的设计界面（所见）即为程序最终的运行界面（所得）。可视化编程的本质依然是编程，通过可视化的图形界面操作，系统会自动生成操作所对应的程序代码。通过可视化编程，可以使程序开发变得更加直观，效率更高。

6.2.4　窗体

创建一个窗体，将从系统类 Form 派生出一个新的窗体类，默认为 Form1 类。对应 Form1 这个新窗体类，系统将自动生成 Form1.cs、Form1.designer.cs、Form1.resx 三个文件，如图 6-5 "解决方案资源管理器"窗口中所示。

Form1.resx 文件用来保存 Form1 窗体类中用到的资源信息，例如背景图片、图标等。

Form1.cs 文件中保存的是 Form1 窗体类的功能实现代码。本文件中的代码通常是程序开发者根据应用需求编写的。例如，单击"+"按钮实现加法功能的代码、单击"exit"按钮实现退出程序的功能代码。

Form1.designer.cs 文件中保存的是在图形界面开发工具中编辑 Form1 窗体类生成的代码。在图形界面化窗体设计环境中对窗体进行的任何修改和设置都将自动生成相应的代码，并保存在 Form1.designer.cs 文件中。例如，将新建的窗体标题设置为"简单计算器"后，打开该文件，即可看到对应生成的代码为：

```
this.Text="简单计算器";
```

同样地，当在窗体中新增标签、文本框、按钮等，并对它们进行修改设置后，都将自动生成每一步操作所对应的代码，并保存在 Form1.designer.cs 文件中。

【例 6.1】创建图 6-1 所示的"简单计算器"窗体。

在图 6-4 所示的窗体设计界面中，单击"视图"→"工具箱"命令，打开"工具箱"工具栏。"工具箱"工具栏中有：所有 Windows 窗体、公共控件、容器、菜单和工具栏等。选择"公共控件"选项，如图 6-7 所示，其中列出了 Windows 窗体应用程序中常用的控件类。本例中要用到标签（Label）类、文本框（TextBox）类、按钮（Button）类。

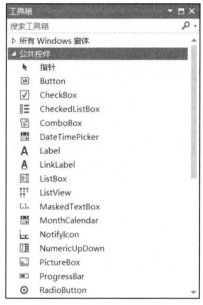

图 6-7　"公共控件"列表

在"工具箱"工具栏中选择 Label 选项，再在窗体编辑界面中的相应位置单击，即可在窗体对象中加入一个标签对象。此时，看到的窗体设计界面（所见）即为程序最终运行时看到的界面（所得）。读者需要体会的是：产生这个标签对象的本质是调用了 C#中实现好的 Label 类，并生成了一个 Label 类的对象。但与直接编写代码方式不同，此时并没有直接编写程序代码，相应的代码将根据可视化图像界面中的操作自动生成，并保存到文件 Form1.designer.cs 中。这就是可视化编程的思想。虽然没有直接编写程序代码，图形界面化的操作就是在编程。

重复生成标签的过程，在窗体中增加 3 个标签对象、3 个文本框对象、5 个按钮对象，如图 6-8 所示。可见，这些对象的排列不够整齐。在菜单栏下有一行排列工具栏，如图 6-9 所示，提供了多种对象排列工具。同时选中多个控件对象，即可通过排列工具栏中的工具，调整多个控件对象的对齐方式、大小和间距等，使界面美观。

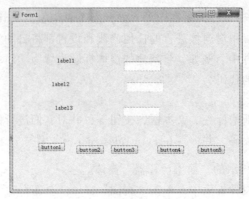

图 6-8　添加界面对象

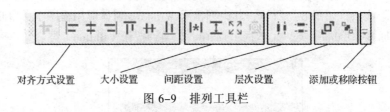

图 6-9　排列工具栏

6.2.5　常用控件及其属性设置

通过"属性"窗口，可以对窗体应用程序中控件对象的属性进行设置。在窗体设计界面中，依次单击"视图"→"其他窗口"→"属性窗口"命令，即可打开控件"属性"窗口，如图 6-10 所示。或右击某一控件对象，在弹出的快捷菜单中单击"属性"命令，也可以打开"属性"窗口。

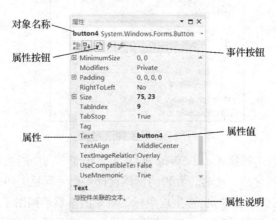

图 6-10　控件"属性"窗口

属性窗口中各部分的含义如下所述。

对象名称：该选项确定了当前要设置的控件对象。在设置时注意不要选错要设置的对象。

属性和属性值：通过单击的方式选中要设置的属性，左侧为属性名称，右侧为属性值，属性值通常采用键盘输入或选择的方式进行设置。

属性说明：选中某属性后，属性说明部分简要说明了该属性的含义。

属性按钮：单击属性按钮，下方将仅显示属性。

事件按钮：单击事件按钮，下方仅显示事件。

单击属性和事件按钮前的两个按钮将分别按类别、字母排序的方式显示所有属性和事件。

通过属性窗口，可以对窗体应用程序中所有对象的属性进行设置。通过双击属性窗口中的事件，可以打开与该事件相关联的代码编辑窗口，编辑事件对应的响应代码。

在"简单计算器"实例中，涉及的对象有窗体对象、标签对象、文本框对象和按钮对象。这些控件对象的常见事件、方法见表 6-2 和表 6-3，常用属性如下所述。

1. 窗体对象

窗体对象是 Windows 应用程序的窗口，是向用户显示可视化信息的界面。窗体对象的常用属性有标题、图标、大小等，常用事件有单击（Click）、装载（Load）、激活（Activited）、大小改变（Resize）等。常用属性包括标题、背景等。

Name 属性：指定窗体对象的名称，在代码中通过 Name 引用该对象。

Text 属性：指定窗体的标题。

Size 属性：指定窗体的大小，有高度和宽度两个值。

MaximizeBox 和 MinimizeBox 属性：用于确定窗体标题栏的最大化、最小化按钮是否可用。属性值为 True 或 False。

AutoSizeMode 属性：用于确定用户是否可以使用鼠标拖动来改变窗体的大小。属性值为 True 或 False。

Icon 属性：用于设置窗体左上角的图标。

BackgroundImage：用于设置窗体背景图片。

BackgroundImageLayout：用于设置背景图片的布局方式，有居中、拉伸、平铺等方式。

2. 标签控件对象

标签（Label）控件通常用来在窗体中显示说明或提示性文本信息。标签控件的常用属性包括字体、大小、颜色、信息内容等。

Name 属性：指定标签对象的名称，在代码中通过 Name 引用该对象。

Text 属性：指定标签对象显示的内容。

Font 属性：指定标签文本的字体、大小。

ForeColor 属性：指定标签文本的颜色。

BackColor 属性：指定标签背景色。

BorderStyle 属性：指定标签边框风格。

AutoSize 属性：设置标签大小是否根据显示内容的大小自动调整。属性值为 True 或 False。

Image 属性：指定标签背景图片。

Visible 属性：指定标签是否可见。属性值为 True 或 False。

3. 文本框控件对象

文本框（Text）控件用于接受用户输入的数据信息。文本框的常用属性如下：

Name 属性：指定文本框对象的名称，在代码中通过 Name 引用该对象。

Text 属性：用于保存文本框输入的数据，通过此属性可得到文本框中输入的数据。

Font 属性：指定文本框中输入文本的字体、大小。

ForeColor 属性：指定文本框中输入文本的颜色。

BackColor 属性：指定文本框的背景色。

Enabled 属性：指定文本框是否可用，即是否可接受输入。属性值为 True 或 False。当值为 False 时，该文本框不可输入。

Multiline 属性：指定文本框是否可多行输入。属性值为 True 或 False。

PasswordChar 属性：通过该属性可实现密码输入时隐藏密码的功能。在该属性值中输入一个字符，则在该文本框中输入的任意字符都将显示 PasswordChar 属性值。

Visible 属性：指定文本框是否可见。属性值为 True 或 False。

WordWrap 属性：在多行输入时，设置是否根据内容自动换行。属性值为 True 或 False。

4. 按钮控件对象

按钮（Button）在应用程序中起控制作用，用于完成某一特定的操作。按钮对象最重要的事件就是单击事件，按钮功能实现代码通常就放在按钮的单击事件中。

按钮的常用属性如下：

Name 属性：指定按钮对象的名称，在代码中通过 Name 引用该对象。

Text 属性：指定按钮上显示的信息。

Enabled 属性：指定按钮是否可用。属性值为 True 或 False。当值为 False 时，该按钮不可用。

Visible 属性：指定按钮是否可见。属性值为 True 或 False。

其他属性，如：Font、ForeColor、BackColor、Size 等属性含义与标签、文本框相似。

对于"简单计算器"窗体应用程序，通过对象属性窗口设置各对象属性，其主要属性设置如表 6-4 所示。

表 6-4　"简单计算器"控件属性设置

对　　象	属　性　名	属　性　值
窗体	Name	默认值：Form1
	Text	简单计算器
	Size	520,430
	BackgroundImage	浏览本地图片
	BackgroundImageLayout	Stretch
标签 1	Name	默认值：label1
	Text	请输入第一个数：
	BackColor	Transparent
	Font	黑体，四号，粗体
	ForeColor	Yellow
文本框 1	Name	默认值：textBox1
	Size	100,25
	BackColor	LemmonChiffon
	BorderStyle	FixedSingle
按钮 1	Name	add
	Text	+

其他标签对象、文本框对象属性的设置参照标签 1、文本框 1。将按钮 2、按钮 3、按钮 4、按钮 5 的 Name 属性分别设置为 sub、mul、div、exit，将 Text 属性分别设置为-、×、÷、exit。

C#中提供的控件非常丰富，其他常用控件有组合框、列表框、单选按钮、计时器、进度条、表格、日历等，读者可自行学习，练习并掌握这些控件的用法。

6.2.6　对象事件代码的编写

运行上述建好的"简单计算器"应用程序，输入数据，单击运算按钮，并没有计算结果。原因是还没有编写按钮所关联的事件响应代码。

下面以+按钮的单击事件功能实现为例，介绍事件代码的编写。

在窗体设计窗口中右击"+"按钮、单击"属性"命令，在"属性"窗口中双击 Click 事件，即可打开"+"按钮 Click 事件对应的代码。或直接双击"+"按钮，也可以打开"+"按钮 Click 事件对应的代码。该段代码如下：

```
private void button1_Click(object sender,EventArgs e)
{
}
```

显然，默认情况下没有关联的代码，其响应代码为空。在其中编写代码，实现加法功能。最终"+"按钮实现的功能代码如下：

```
private void button1_Click(object sender,EventArgs e)
{
    float a=Convert.ToSingle(textBox1.Text);
    float b=Convert.ToSingle(textBox2.Text);
    textBox3.Text =Convert.ToString(a+b);
}
```

代码分析：文本框 1 的 Name 属性为 textBox1，通过 textBox1 可引用文本框 1，并可通过 textBox1 的 Text 属性得到文本框 1 中输入的数据，语法为 textBox1.Text。由于文本框的 Text 属性类型为字符串型数据，因此，在计算加法时，需要将字符串型数据转换为数值型数据。同样地，在输出时需要将计算结果转换为字符串，再输出到文本框 3 中。

重复上述过程，实现其他按钮功能。最终，各按钮的 Click 事件对应的代码如下：

"-"按钮的 Click 事件代码：

```
float a=Convert.ToSingle(textBox1.Text);
float b=Convert.ToSingle(textBox2.Text);
textBox3.Text =Convert.ToString(a-b);
```

"×"按钮的 Click 事件代码：

```
float a=Convert.ToSingle(textBox1.Text);
float b=Convert.ToSingle(textBox2.Text);
textBox3.Text =Convert.ToString(a*b);
```

"÷"按钮的 Click 事件代码：

```
float a=Convert.ToSingle(textBox1.Text);
float b=Convert.ToSingle(textBox2.Text);
textBox3.Text =Convert.ToString(a/b);
```

"exit" 按钮的 Click 事件代码：

```
this.Close();          //关闭窗体。
```

关闭按钮调用了 close 方法，关闭窗体。this 关键字代表本类对象的实例。此处的类为 Form1 类，this 指 Form1 的实例对象，运行中即指运行中打开的窗体。this.Close(); 即关闭当前运行的窗体。

最终，运行程序，结果如图 6-11 所示。

图 6-11　简单计算器最终效果

【例 6.2】创建如图 6-12 所示的足球游戏登录界面。假设用户名为 qq，密码为 123，实现登录功能。用户名、密码正确则提示欢迎登录，弹出游戏主界面窗体。若用户名密码不对，则提示输入错误，还可以输入几次。三次输入错误时，关闭登录窗体。

图 6-12　足球游戏登录界面

编程分析：本例需要在登录按钮的 Click 事件中编写代码，对用户名和密码进行判断，根据判断结果分为正确和不正确两种情况处理，可以用双分支语句实现。当用户名和密码都正确时，弹出欢迎登录消息框。语句为：

```
MessageBox.Show("欢迎登录！");
```

随后要打开另一个窗体，即游戏主界面窗体。因此，需要在应用程序中增加一个新的窗体。

增加一个新窗体的步骤为：在菜单栏中单击"项目"→"添加 Windows 窗体"命令，在打开的"添加新项"对话框中选择"Windows 窗体"选项，在名称输入文本框中可输入新窗体名，单击"确定"按钮，即可增加一个新窗体。本例中，新建的窗体名使用默认值 Form2，对应的自动生成类名称为 Form2，与新建 Windows 窗体项目中生成的新类 Form1 一样，Form2 同样继承于系统 Form 类。

通过窗体编辑界面，可以根据足球游戏功能需求，对游戏主界面窗体 Form2 进行设计，实现足球游戏功能。游戏功能的实现不在本例讨论范围之内，本例中只需打开一个任意窗体即可。

例如单击"登录"按钮，要显示一个新窗体，需要在"登录"按钮 Click 事件中增加语句：

```
Form2 frm2=new Form2();      //调用 Form2 类，创建新实例对象 frm2
frm2.ShowDialog();           //显示实例对象 frm2
```
调用类创建对象的常用语法为：

```
类名 对象名=new 默认构造函数;
```
默认构造函数名与类名相同，如本例。

默认构造函数是名称与类名相同的无参数函数。默认函数的概念将在自定义类章节介绍。

用户名和密码判断：当用户名或密码不对时，要弹出"密码错误"消息框，并提示还有几次输入机会。总共可以输入 3 次。需要对每次错误的输入进行计数，并将计数值保存起来。每次输入错误时，需要通过计数值判断是否超过 3 次。因此，需要定义一个全局变量来保存错误次数。

编程实现：新建 Windows 窗体应用程序，根据图 6-12 所示设计编辑登录窗体，并以默认名称新增一个窗体。要实现本例所要求的功能，需要增加以下代码。

在登录窗体 Form1 代码文件中增加全局变量保存输入错误次数：

```
int count=0;                 //错误次数计数
```
编辑"登录"按钮的 Click 事件，增加以下代码：

```
private void button1_Click(object sender,EventArgs e)
{
    if(textBox1.Text=="qq" && textBox2.Text=="123")
    {
        MessageBox.Show("欢迎登录！");
        this.Hide();
        Form2 frm2=new Form2(); //生成一个 Form2 窗体类的对象 frm2
        frm2.ShowDialog();          //显示窗体对象 frm2。假设 frm2 即为应用程序主界面
        this.Close();
    }
    else
    {
        count++;
```

```
        if(count<3)
            MessageBox.Show("用户名或密码错误。还可以输入"+Convert.ToString(3-
count)+"次");
        else
        {
            MessageBox.Show("用户名或密码 3 次错误，无权继续登录。");
            this.Close();
        }
    }
}
```

程序执行流程分析：

上述过程中，首先通过新建窗体应用程序项目，从系统类 Form 继承得到一个新类 Form1；通过在项目中添加新窗体，又从系统类 Form 继承得到一个新类 Form2。窗体应用程序运行时，从 Program.cs 文件中的 Main 方法开始执行代码。Main 方法中的 new Form1()语句将生成一个 Form1 对象，并通过 Application.Run 方法显示生成的 Form1 对象，并启动应用程序消息循环。此时，可以看到屏幕上显示的窗体对象（即 Form1 对象），并可以响应 Windows 消息事件，如鼠标、键盘等事件。当单击 Form1 窗体对象中的"登录"按钮时，程序将对按钮的 Click 消息事件响应，并执行 Click 事件对应的代码，通过 Form2 frm2 = new Form2();语句生成 Form2 对象 frm2，并通过 ShowDialog()方法，显示 Form2 对象 frm2，此时屏幕上会显示出 frm2 窗体对象。

代码分析：在 Windows 应用程序中，经常会通过消息框的方式为用户提供一定的提示信息。MessageBox 类中的 Show 方法用于显示消息框。此方法具有多种用法，用户可以根据程序具体需要设置不同风格的消息框。

this.Hide();语句用于隐藏登录窗体。此处不能用 this.Close()语句关闭窗体。因为在 Program.cs 的 Main 方法中，通过 Application.Run(new Form1());生成 Form1 窗体类的对象实例——登录窗体，并可以接受事件消息。当关闭登录窗体时，Main 方法运行结束，整个程序运行结束并退出。

在 C#中，弹出的窗体或对话框有两种类型：模态对话框和非模态对话框。

模态对话框：当弹出的窗体为模态对话框时，该模态对话框会阻止调用窗口的所有消息响应，只有在弹出的模态对话框结束后，调用窗口才能继续响应消息。模态对话框的调用语句为 ShowDialog，如本例 frm2.ShowDialog();，即指定 frm2 窗体为模态对话框窗体。当 frm2 窗体结束运行前，调用该窗体的登录窗体无法接受响应，frm2.ShowDialog();之后的代码无法继续执行。

非模态对话框：当弹出的窗体为非模态对话框时，可以在弹出窗体和调用窗口之间随意切换。非模态对话框的调用语句为 Show。若本例 frm2.ShowDialog();语句改为 frm2.Show();，即指定 frm2 为非模态对话框。当 frm2 窗体显示后，frm2.Show();之后的代码将继续执行，则后面的 this.Close();会关闭登录窗体，整个程序运行结束并退出。刚显示的 frm2 窗体对象也当然随之关闭。

frm2.ShowDialog();语句之后的 this.Close();语句用于关闭模态对话框窗体对象 frm2 后，关闭登录窗体。如无此语句，则程序运行中还有一个隐藏的登录窗体，并没有结束。

当用户名或密码错误时，要显示还可以输入的次数 count，count 为 int 类型，需要转换为 string 类型，再通过 string 类型的 "+" 运算符，将该值和其他字符串连接成一个字符串整体，通过消息框输出。

本例中，密码输入文本框的 PasswordChar 属性应该设置为一个字符，例如*。即在密码输入时所有字符全部显示为*，达到隐藏密码的作用。

思考：

① 实际应用中，用户名和密码等信息会保存在数据库中，用户登录时将访问数据库中的用户信息，并根据用户信息判断用户名或密码是否正确。在学习数据库知识之前，可以通过数组来模拟数据库。建立一个数组，保存多组用户名和密码信息，实现不同用户通过用户名、密码登录功能。

② 实际应用中，用户名、密码在有限次输入错误后，账号将被锁定，无法继续登录，修改完善思考①，实现密码 3 次错误，则锁定该账户的功能。

③ 为了更好地保证账户安全，目前，系统登录中均会设置各种随机登录验证码。在思考②的基础上，增加生成 4 位随机验证码的功能。

④ 进一步完善程序，增加 "注册" 按钮。单击 "注册" 按钮后弹出新的窗口，可在 "注册" 窗体中完成注册：输入用户名和密码，密码须输入两次，两次必须相同。注册成功后要有提示信息。注册完成后可返回登录界面登录系统。

习题

1. 完成如图 6-13 所示的程序，依次完成加一、减一、清零的功能。

2. 完成如图 6-14 所示的成绩等级评定程序。输入成绩，单击按钮 "评定"，显示成绩等级。单击 "退出" 按钮结束程序。

图 6-13　加一、减一和清零功能

图 6-14　成绩等级评定程序

3. 完成如图 6-15 所示的简单计算器，实现加、减、乘、除功能。

4. 编程实现如图 6-16 所示的计算器。其中，del 按钮为向前删除键，C 按钮为清零键。要求将算式显示在文本框中。

注意：字符串转换为算式的语句如下：

```
System.Data.DataTable table=new DataTable();
```

```
string str="(6.9*7.9-1+1)*2*3";
object test=table.Compute(str,"");
textBox1.Text=Convert.ToString(test);//得到算式结果并显示在 textBox1 中。
```

图 6-15　简单计算器

图 6-16　计算器

5. 编写程序，完成如图 6-17 所示 24 点游戏。要求单击"开始"按钮，开始计时；随机发牌；单击牌和运算符号按钮，算式显示在"算式"文本框；单击等号按钮计算算式，结果为 24 则得 1 分，否则提示错误；单击"下一局"按钮，重新发牌，开始下一局；得分到 10 分时，根据所用时间弹出消息框，评判玩家水平：高手、达标或继续努力。单击"重新开始"按钮，开始下一轮。

6. 建立如图 6-18 所示的班级成绩管理系统登录界面。要求：

（1）用户名采用字符串数组保存，对应的密码同样用字符串保存。

注意：通常，应用系统中的数据保存在数据库中，此处仅用数组模拟数据的存储。

（2）用户名或密码错误则提示还有几次输入机会。

（3）连续 3 次密码输入错误则关闭系统。

（4）验证码随机生成，验证码输入错误提示验证码有误。

（5）登录成功则弹出另一窗体（即成绩管理窗体，在第 7 章的习题中实现）。

图 6-17　24 点游戏

图 6-18　班级成绩管理系统登录界面

第**7**章
开发一个简单的记事本

7.1　单文档和多文档窗体应用程序

1. 单文档窗体应用程序

单文档窗体应用程序（single document interface，SDI），是指同一任务窗体中只能打开一个任务。例如：Windows 记事本应用程序就是一种单文档应用程序。如图 7-1 所示，一个任务窗体中只能处理一个任务。

2. 多文档窗体应用程序

多文档窗体应用程序（multiple document interface，MDI）是指同一窗体中可以同时打开多个任务。例如，Office 系列中的 Excel 应用程序就是一种多文档应用程序。如图 7-2 所示，在一个任务窗体中可以同时打开和处理多个任务。

图 7-1　单文档窗体应用程序界面

图 7-2　多文档窗体应用程序界面

在 C#中，MDI 应用程序由多个窗体组成，其中一个窗体为父窗体，其余窗体为子窗体。父窗体通常作为应用程序主界面，多个子窗体通常用于打开不同的任务。MDI 应用程序运行时，用户可以在不同的子窗体之间切换；可以改变、移动子窗体的大小，但是子窗体不能移出 MDI 框架区域；关闭 MDI 父窗体则会关闭所有打开的 MDI 子窗体。

创建 MDI 应用程序的一般步骤为：

（1）创建 Windows 窗体应用程序项目。

（2）将生成的窗体 IsMdiContainer 属性值设为 True，即指定本窗体为父窗体。

（3）在项目中根据需要新增其他 Windows 窗体。

（4）在父窗体需要显示子窗体的事件中调用、显示子窗体。

例如，创建 Windows 窗体应用程序项目，将生成的窗体 Name 和 Text 属性值设置为 ParentForm 和主窗体，将其 IsMdiContainer 属性值设为 True，指定其为父窗体。

在项目中新增两个窗体，并将它们的 Name 和 Text 属性分别设置为 ChildForm1、ChildForm2 和子窗体 1、子窗体 2。

在父窗体的 Load 事件中调用和显示子窗体。在 Load 事件编辑代码如下：

```
private void ParentForm_Load(object sender,EventArgs e)
{
    ChildForm1 chd1=new ChildForm1();
        //调用 ChildForm1 窗体类，生成一个对象实例 chd1
    chd1.MdiParent=this;
        //指定 chd1 的 MDI 父窗体为本窗体对象，即 ParentForm 的对象
    chd1.Show(); //显示 chd1 对象
    ChildForm1 chd2=new ChildForm1();
        //调用 ChildForm1 窗体类，生成一个对象实例 chd2
    chd2.MdiParent=this;
    chd2.Show();
    ChildForm2 chd3=new ChildForm2();
        //调用 ChildForm2 窗体类，生成一个对象实例 chd3
    chd3.MdiParent=this;
    chd3.Show();
}
```

本例中通过两次调用子窗体 1、一次调用子窗体 2，分别生成了 3 个窗体对象。其中：

```
ChildForm1 chd1=new ChildForm1();
chd1.MdiParent=this;
chd1.Show();
```

3 行语句为显示子窗体常用语句，分别完成创建子窗体、指定子窗体的父窗体、显示子窗体。

运行该应用程序，由于 Load 事件在 ParentForm 窗体装载时触发，因此会创建 3 个子窗体。最终，运行结果如图 7-3 所示。用户可以在这 3 个窗体之间切换，可以移动和改变窗体大小，但子窗体不能移出父窗体。

实际上，创建应用程序时自动生成的窗体和后面新增的两个窗体都是相同的，它们均继承于系统 Form 类，也可以在 3 个窗体（创建应用程序时自动生成的窗体和后面新增的两个窗体）之间任选一个作为父窗体，即指定其 IsMdiContainer 属性值为 true。相应地，在 Program.cs

的 Main 方法中需要通过 Application.run 方法打开指定的父窗体，并将显示子窗体的代码写在指定的父窗体 Load 事件中。这样也可以实现如图 7-3 所示的效果。

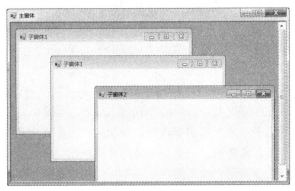

图 7-3　运行结果

7.2　菜单控件

C#窗体应用程序设计中常用到菜单控件。菜单（Menu）是 Windows 窗体应用程序的重要组成部分，当应用程序功能较多时，可通过菜单的形式，把多种功能组合起来，使用户可以简洁方便地使用各种程序功能。一个应用程序的菜单系统一般由主菜单和若干数量的快捷菜单构成。

7.2.1　主菜单

主菜单（MenuStrip）也称为下拉式菜单，由一个条形"菜单栏"和一组称为"子菜单"的弹出式菜单条组成。主菜单一般位于应用程序窗口的顶部、标题栏的下面，是一个启动应用程序后始终可以看到的菜单名列表栏。菜单栏中的每个"顶级菜单项"代表一个主菜单选项，通常每个"顶级菜单项"都对应有一个下拉菜单作为它的子菜单，如图 7-4 所示。

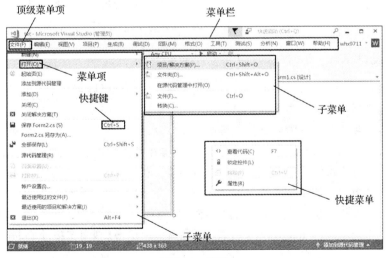

图 7-4　菜单

子菜单中包含了一组菜单项。对逻辑上或功能上紧密相关的菜单项，通常放置分隔线划分菜单选项的组别。子菜单中的菜单项可以直接对应于一条命令或"下一级子菜单"。下一级子菜单里又可包含一组相关的菜单项，这些菜单项同样可对应于一条命令或下一级子菜单，从而形成一种多级的菜单结构。图 7-4 中显示了 Visual Studio 中的主菜单栏下的"文件"顶级菜单项所对应的子菜单，以及"打开"菜单项对应的子菜单。

7.2.2 快捷菜单

快捷菜单也称为上下文菜单（ContextMenuStrip），通常是当鼠标右击某个控件对象时弹出的菜单，用来快速展示当前对象可用的操作和命令功能，免除在主菜单中逐级一一查找的麻烦。快捷菜单一般没有条形菜单栏，只有一个弹出式菜单项组合。菜单项组合中的每个菜单选项可直接对应于一条命令或下一级子菜单。图 7-4 中的快捷菜单即为右击窗体时弹出的快捷菜单。

快捷菜单的显示：快捷菜单通常通过鼠标右击控件对象打开。在 C#中通过将控件对象 ContextMenuStrip 属性设置为指定的快捷菜单对象，即可将快捷菜单和控件对象的鼠标右击事件关联起来，当用鼠标右击控件对象时，将会自动弹出相应的快捷菜单。

一个应用程序的菜单系统通常包含以下几种菜单元素：

- 菜单栏：横放在应用程序主窗口顶部的一个列表栏；菜单栏中包含若干个菜单选项。
- 顶级菜单项：菜单栏中的每一个菜单项，例如图 7-4 菜单栏中的"文件"菜单项。
- 子菜单：单击菜单项后所弹出的的下拉列表。例如图 7-4 中单击菜单栏中的"文件"菜单项弹出的子菜单。
- 菜单项：子菜单中的各个选项，如"文件"菜单中的"新建"、"打开"菜单项。选择某个菜单项后，根据该菜单项所对应的选择项不同，一般会有两个结果：发送一个操作命令，激活执行一段程序（例如图 7-4 中的"关闭解决方案"、"退出"菜单项），或者弹出下一级关联的子菜单（例如图 7-4 中的"打开"菜单项）。
- 快捷键：每一个菜单项都可以有选择地设置一个快捷键。快捷键通常是【Ctrl】键、【Alt】键或者【Shift】键和另一个字符键的组合。通过快捷键可以快速激活相应的菜单项。例如图 7-4 中的【Ctrl+S】以及常用的【Ctrl+C】、【Ctrl+V】等都是快捷键。

7.2.3 菜单设计

Visual Studio 提供了可视化的菜单设计环境，使程序员可以以直观、简洁、所见即所得的方式快速创建满足应用程序需求的菜单。

创建主菜单的步骤是：在需要显示主菜单的窗体设计窗口中，单击"工具箱"中"菜单和工具栏"选项下的 MenuStrip 控件（见图 7-5），再在窗体中单击。或直接拖动 MenuStrip 控件到窗体中。两种方法均可打开菜单设计编辑环境，在"请在此处键入"文本框内根据程序具体需求输入菜单项，如图 7-6 所示。

创建快捷菜单的步骤是：在需要显示快捷菜单的窗体设计窗口中，单击"工具箱"中"菜单和工具栏"选项下的 ContextMenuStrip 控件，再在窗体中单击。或直接拖动 ContextMenuStrip 控件到窗体中，即可打开菜单设计编辑环境。快捷菜单的编辑与主菜单相同。

图 7-5　MenuStrip 控件

图 7-6　下拉菜单

当在窗体中创建一个菜单后，该菜单名称会显示在窗体的下方。如图 7-7 所示，该窗体中创建了一个主菜单和一个快捷菜单，窗体下显示了相应的菜单名称。与主菜单不同的是，当创建一个快捷菜单后，快捷菜单将不会显示在窗体中，当需要重新编辑快捷菜单时，只需单击窗体下方的快捷菜单名称即可。

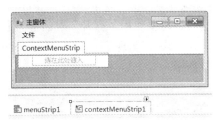

图 7-7　菜单编辑和显示

在 C#中，一切都是对象，每一个菜单项也是对象，可以根据需求设置菜单属性。右击菜单名称，再单击"属性"选项后，即可将该菜单作为一个整体，设置其字体、颜色、背景等属性。在菜单编辑中，右击某菜单项，再单击"属性"选项后，也可以对一个菜单项单独设置字体、颜色、背景等属性。这些属性的设置和其他控件的设置类似。

通过快捷键执行菜单项在 Windows 应用程序中非常常见，可以通过菜单项的 ShortcutKeys 和 ShowShortcutKeys 属性设置菜单项对应的快捷键。

ShortcutKeys 属性：单击该选项右侧的下拉按钮，即可设置菜单项对应的快捷键，如图 7-8 所示，即设置某菜单项对应的快捷键为【Alt+A】。

图 7-8　菜单快捷键设置

ShowShortcutKeys 属性：设置是否在菜单项旁边显示快捷键。该属性值为 True 时，显示快捷键，否则不显示快捷键。

7.3 通用对话框控件

通用对话框是 Windows 系统中非常常用的一种人机交互方式。常见的通用对话框有："打开"对话框、"保存"对话框、"颜色"对话框、"字体"对话框、"查找"对话框、"替换"对话框、"打印"对话框以及"打印设置"对话框等，这些对话框提供执行相应任务的标准方法。在 C#中也提供了一些相应的标准通用对话框控件，通过对标准通用对话框控件的使用，用户可以轻松简易地完成 Windows 应用程序相关对话框功能。本部分将介绍"打开"对话框、"保存"对话框、"颜色"对话框和"字体"对话框。

7.3.1 "打开"对话框

"打开"对话框在 Windows 系统中非常常用，例如，在 Word、Excel、Visual Studio 等应用中打开文件时、邮件附件发送时，均要使用"打开"对话框。通过"打开"对话框，用户可以定位和选择要打开的文件。在 C#中，实现了一个 OpenFileDialog 控件用来弹出 Windows 标准"打开"对话框，如图 7-9 所示。

图 7-9　Windows 标准"打开"文件对话框

OpenFileDialog 控件的常用属性、事件、方法有：

InitialDirectory 属性：对话框中显示的初始目录。

FileName 属性：在对话框中选取的文件名，文件名包含文件路径，如 f:\sjd.txt。

Title 属性：对话框标题。若未指定标题，则默认为"打开"。

ShowHelp 属性：启用"帮助"按钮。

ValiDateNames 属性：确保文件名中不含有无效的字符。

FileOk 事件：当用户单击"打开"或"保存"按钮时要处理的事件。

HelpRequest 事件：当用户单击"帮助"按钮时要处理的事件。

ShowDialog 方法：显示对话框。

"打开"对话框的常用方式的示例代码如下：

```
OpenFileDialog opF=new OpenFileDialog();
    //调用 OpenFileDialog 控件类，生成一个类对象 opF
    //下面语句通过 ShowDialog 方法显示打开对话框。此时可选择文件
    //选择文件后若单击"确定"按钮，则返回值为 DialogResult.OK
if(opF.ShowDialog()==DialogResult.OK)//如果单击了"确定"按钮
{
    MessageBox.Show(opF.FileName);//在消息框中显示选中的文件名
    //本行代码只是示例语句，无实际意义。实际编程中应根据需要编写程序
}
```

需要注意的是：在"打开"对话框中选择文件，并单击"确定"按钮后，对话框只是返回了要打开的文件名，并不能真正提供打开文件的功能。程序员必须自己编写打开文件的功能代码，才能真正实现文件的打开功能。

7.3.2 "保存"对话框

当应用程序中新建文件或对已有文件内容修改后，通常通过"保存"对话框完成新内容的保存。在 C#中，实现了 SaveFileDialog 控件用来弹出 Windows 标准"保存"对话框，如图 7-10 所示。在该对话框中，用户可以指定要保存的文件名和文件的保存位置。

图 7-10　Windows 标准保存文件对话框

SaveFileDialog 控件对象的属性、事件、方法与 OpenFileDialog 相似。其常用的使用方式也与 OpenFileDialog 相似。此处不再赘述。

同样要注意的是：在"保存"对话框中单击"确定"按钮保存文件时，对话框也只是返回了要保存的文件名，并不能真正提供文件保存的功能。程序员必须自己编写保存文件的功能代码，才能真正实现文件的保存功能。

7.3.3 "字体"对话框

图 7-11 所示即为标准的 Windows "字体"对话框，C#中实现了一个 FontDialog 控件类，

用于弹出标准"字体"对话框。在"字体"对话框中，用户可以指定选中文本的字体、字形、字体大小等。"字体"对话框最常用的属性为 Font 属性。在"字体"对话框中选择字体、字形、字体大小等并单击"确定"按钮后，所做的选择都将保存在 Font 属性中并返回。"字体"对话框同样通过 ShowDialog 方法显示，用法示例代码也与打开文件类似。

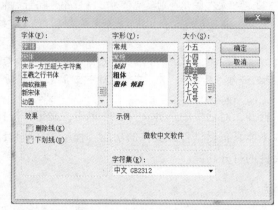

图 7-11　Windows 标准"字体"对话框

7.3.4　"颜色"对话框

图 7-12 所示为 Windows 标准"颜色"对话框。图中右半部分默认隐藏，当单击"规定自定义颜色"按钮时才显示。通过 C#中实现的 ColorDialog 控件类，可快速弹出标准"颜色"对话框。通过"颜色"对话框可方便地选取颜色用于选中的对象。"颜色"对话框最常用的属性为 Color 属性。在"颜色"对话框中选中颜色并单击"确定"按钮后，所做的选择将保存在 Color 属性中并返回。"颜色"对话框的使用与"字体"对话框类似。

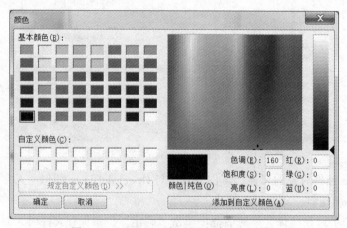

图 7-12　Windows 标准"颜色"对话框

7.4　开发一个多文档记事本应用程序

Windows 记事本提供了一个简单方便的文本编辑工具，但它只能同时打开一个文档。本节中要开发实现一个与 Windows 记事本类似的多文档记事本应用程序，可在一个窗口中同时打开和编辑多个文档。多文档记事本应用程序的开发要求如下：

（1）在主窗体中通过主菜单组合应用程序功能，在子窗体中打开或新建文档并进行编辑。

（2）主菜单组合多种功能，其菜单设计如图 7-13 所示。

（3）在文档打开和编辑的子窗体中通过右击可以弹出快捷菜单，如图 7-14 所示。通过快捷菜单可实现快捷操作。

图 7-13 菜单

图 7-14 快捷菜单

7.4.1 编程分析

本例中要开发的是一个可支持多文档的窗体应用程序。主窗体中显示主菜单。在主菜单中单击一次"新建"或"打开"菜单项，需要打开一个文档编辑窗口，即生成并显示一个子窗体。在子窗体中进行文本输入和编辑时，可使用"编辑"主菜单项下的"复制"、"粘贴"等菜单项实现相关功能。通过"格式"主菜单项下的"字体"、"颜色"菜单项可对选中文本的字体、颜色进行设置。编辑完成后可通过"保存"、"另存为"菜单项保存对文档所做的编辑。单击"关闭"菜单项可关闭当前正在编辑的文档。单击"退出"菜单项可结束应用程序的运行。

7.4.2 界面设计

创建 Windows 窗体应用程序项目，将生成的窗体指定为父窗体，即设置窗体 IsMdiContainer 属性为 true；在父窗体中添加一个 MenuStrip 控件作为主菜单。参考图 7-13 设计编辑菜单项。由于打开、保存文件和字体、颜色设置需要使用 Windows 标准对话框，因此，从"工具箱"的"对话框"选项下分别向父窗体各增加一个 SaveFileDialog、FontDialog、ColorDialog 控件对象。

在项目中增加一个新窗体作为子窗体，要使子窗体可接受键盘输入的文本，在子窗体中添加一个 RichTextBox 控件对象。

RichTextBox 控件对象称为富文本框对象，在富文本框中可以对输入文本的字体、颜色等进行设置。根据本例中的程序要求，需要将富文本框的 Dock 属性设置为 Fill，使富文本框填满子窗体窗口，将 Modifier 属性设置为 Public，使富文本框中的输入内容可以被读取和写入。

在子窗体中增加一个 ContextMenuStrip 控件对象，即增加一个快捷菜单，参考图 7-14 设计编辑菜单项。快捷菜单通常通过右击事件触发并弹出。由于本例中子窗体中的富文本框对象设置为充满子窗体窗口，可设置通过富文本框对象的右击事件触发弹出快捷菜单。设置的方法是：设置富文本框对象的 ContextMenuStrip 属性值为要弹出的 ContextMenuStrip 控件对象。

修改父窗体 Name 属性为 ParentForm，同时修改子窗体的 Name 属性为 ChildForm。此外，除特别说明外，其余对象的属性均采用默认值。

7.4.3 代码编写

在菜单编辑环境下，双击菜单项即可打开该菜单项对应的 Click 事件关联代码，可根据功能需求编写关联代码。或在菜单项的"属性"窗口中双击 Click 事件亦可。

1. "文件"主菜单项

（1）"新建"菜单项。

新建文件即打开一个编辑窗口（即子窗体），接受文本输入。编写"新建"菜单项关联代码如下：

```
ChildForm chd=new ChildForm();
chd.MdiParent=this;
chd.Show();
```

编写好"新建"菜单项的 Click 事件关联代码后，运行窗体应用程序，单击"新建"菜单项，"新建"菜单项 Click 事件关联代码执行一次，即可生成一个子窗体类 ChildForm 的对象 chd，并显示该文档编辑子窗体。每单击一次，即生成并显示一个文档编辑子窗体。可以在多个子窗体之间切换。此时，本例中的窗体类、对象之间的关系如图 7-15 所示。图 7-15 中，自定义类 ParentForm 在窗体应用程序创建时自动产生，自定义类 ChildForm 在向项目中增加一个新窗体时自动产生，这两个类继承于系统窗体类 Form，也可以表述为从系统类 Form 派生出了两个自定义类 ParentForm、ChildForm。在 Program.cs 文件 Main 方法中通过 Application.Run(new ParentForm());语句，调用 ParentForm 类生成并显示了一个类对象，即主窗体对象（图中显示的是主窗体设计编辑界面）。通过主窗体中的"新建"菜单项关联代码中的 new ChildForm();语句和 Show 方法，生成并显示了 ChildForm 类的对象，通过多次单击"新建"菜单项，生成并显示了多个 ChildForm 类的对象。可对照图 7-15，进一步理解类的继承和派生、可视化程序设计、类与对象等概念。

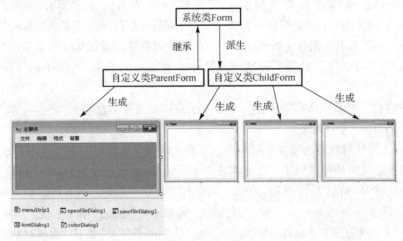

图 7-15　系统类和自定义类，继承与派生以及多个窗体对象之间的关系

（2）"另存为"和"保存"菜单项。

"另存为"菜单项关联代码如下：

```
if(saveFileDialog1.ShowDialog()==DialogResult.OK)
{
```

```
ChildForm chd1=(ChildForm)this.ActiveMdiChild;
chd1.richTextBox1.SaveFile(saveFileDialog1.FileName,
                           RichTextBoxStreamType.RichText);
}
```

单击"另存为"菜单项，可以打开一个"保存"对话框。在主窗体设计中已经增加了一个 SaveFileDialog 控件对象，其默认名称为 saveFileDialog1。增加对话框控件对象到主窗体后，该对象的名称将显示在主窗体设计编辑界面下方，如图 7-15 所示。在程序设计中可以直接使用这些对象。此处的代码即直接使用 saveFileDialog1.ShowDialog()语句显示了 saveFileDialog1 对象。对话框使用方法参见 7.3.2，此处不再重复。

保存文件时，可能同时有多个文档处于打开状态（如图 7-15 所示，有 3 个文档处于打开状态），this.ActiveMdiChild 可得到当前的活动子窗体，即正在编辑的文档。由于 this.ActiveMdiChild 得到的窗体为 Form 类型，标准的 Form 类型中并不包含 RichTextBox 类控件对象，因此，需要用强制类型转换关键字（ChildForm）将其转换为 ChildForm 类对象。然后通过 RichTextBox 类的 SaveFile 方法，将当前活动子窗体中的 richTextBox1 对象中输入的内容保存。SaveFile 方法的第一个参数 saveFileDialog1.FileName 即为"保存"对话框中输入的文件名，第二个参数 RichTextBoxStreamType.RichText 指定保存类型为富文本，即除保存文本数据外，还要保存字体、颜色等数据。

文件格式说明：对于保存后的文件，由于是本程序产生的新文件格式，在 Windows 中并不能直接打开。双击该文件，会打开"打开方式"选择界面。可选择用"记事本"打开，此时会看到打开的文件内容，除实际输入的内容之外，还有很多其他内容，这些内容可以理解为字体大小、颜色等的格式说明，"记事本"并不能正确解释这些格式。也可以选择用"写字板"或者 Word 打开该文件，则可以看到正确的内容和格式。这说明本例产生的文件格式可以被"写字板"或者 Word 正确解释。

"另存为"菜单项每次单击都会弹出"保存"对话框，因此处理相对简单。与"另存为"不同的是，"保存"菜单项在新建文件第一次保存时，要作为新文件处理，要弹出"保存"对话框，此后，再次单击"保存"菜单项时，要作为已有文件处理，直接保存数据到文件，而无须再弹出"保存"对话框。由于"保存"菜单项功能实现较为复杂，此处不做进一步讨论。该问题将在后文中讨论。

（3）"打开"菜单项。

"打开"菜单项关联代码可编写如下：

```
OpenFileDialog  op=new OpenFileDialog();
if(op.ShowDialog()==DialogResult.OK)
{
    ChildForm chd-new ChildForm();
    chd.MdiParent=this;
    chd.Show();
    chd.richTextBox1.LoadFile(op.FileName,RichTextBoxStreamType.RichText);
}
```

此处通过 OpenFileDialog op=new OpenFileDialog();语句，调用了 OpenFileDialog 类生成了一个文件打开对话框对象 op。这种方法与通过"工具箱"的"对话框"选项向窗体增加一个

OpenFileDialog 控件对象效果完全相同。不同的是后者产生对话框对象的产生代码是自动生成的。

在"打开"对话框中浏览选择通过本例"另存为"菜单保存的文件,单击"确定"按钮后,要显示该文件内容,需要一个子窗体来显示选中的文件。因此,通过 ChildForm chd = new ChildForm();语句创建了一个子窗体对象 chd。此时,仅仅是创建了一个包含了富文本框的子窗体,文本框中并没有数据内容,该子窗体也并没有显示出来。最后通过窗体类的 Show 方法和 RichTextBox 类的 LoadFile 方法,显示出该子窗体,并将在"打开"对话框 op 中选择的文件内容显示在子窗体对象 chd 中的富文本框 richTextBox1 中。

（4）"关闭"菜单项。

关闭菜单项的 Click 事件关联代码为:

```
this.ActiveMdiChild.Close();
```

当有多个子窗体处于编辑打开状态时,关闭当前的活动子窗体。

（5）"退出"菜单项。

"退出"菜单项的 Click 事件关联代码为:

```
this.Close();
```

即关闭主窗体,结束应用程序的运行。

2. "编辑"主菜单项

（1）"复制"菜单项。

"复制"菜单项的 Click 事件关联代码如下:

```
ChildForm ch=(ChildForm)this.ActiveMdiChild;      //得到当前活动子窗体
if(ch.richTextBox1.SelectedText=="")               //若没有选中文本
     MessageBox.Show("没有选中任何文本!");
else
     ch.richTextBox1.Copy();                       //将文本框中的选中内容复制到剪贴板
```

单击"复制"菜单项时,首先判断当前活动子窗体中是否有选中文本。若没有选中文本则仅提示警告信息。

（2）"粘贴"菜单项。

"粘贴"菜单项的 Click 事件关联代码如下:

```
ChildForm ch=(ChildForm)this.ActiveMdiChild; //得到当前活动子窗体
ch.richTextBox1.Paste();                //将剪贴板内容粘贴至活动子窗体的文本框中
```

（3）"剪切"菜单项。

"剪切"菜单项的 Click 事件关联代码如下:

```
ChildForm ch=(ChildForm)this.ActiveMdiChild; //得到当前活动子窗体
if(ch.richTextBox1.SelectedText=="")               //若没有选中文本
    MessageBox.Show("没有选中任何文本!");
else
    ch.richTextBox1.Cut();                    //将文本框中的选中内容剪切到剪贴板
```

3. "格式"主菜单项

（1）"字体"菜单项。

"字体"菜单项的 Click 事件关联代码如下:

```
if(fontDialog1.ShowDialog()==DialogResult.OK)
//弹出"字体"对话框,选择字体并单击"确定"按钮
{
    ChildForm chd1=(ChildForm)this.ActiveMdiChild;
    chd1.richTextBox1.SelectionFont=fontDialog1.Font;
    //设置活动子窗体文本框中选中文本字体为字体对话框中选定字体
}
```

（2）"颜色"菜单项。

"颜色"菜单项的 Click 事件关联代码如下：

```
if(colorDialog1.ShowDialog()==DialogResult.OK)
//弹出"颜色"对话框,选择字体并单击"确定"按钮
{
    ChildForm chd1=(ChildForm)this.ActiveMdiChild;
    chd1.richTextBox1.SelectionColor=colorDialog1.Color;
     //设置活动子窗体文本框中选中文本字体颜色为颜色对话框中选中的颜色
}
```

4. "背景"主菜单项

"背景"主菜单项下"春"菜单项的 Click 事件关联代码为：

```
this.BackgroundImage=Image.FromFile(@"f:\spring.jpg");
//设置主窗体的背景图片为 f 盘下文件名为 spring.jpg 的图片
this.BackgroundImageLayout=ImageLayout.Stretch;
//设置主窗体的背景图片显示方式为"拉伸"
```

代码中@的含义参见例 4.8。"夏"、"秋"、"冬"菜单项 Click 事件的关联代码可参考"春"菜单项。

5. 快捷菜单

快捷菜单的显示：本例中由于 richTextBox1 填充满了子窗体窗口，只能通过鼠标右击 richTextBox1 对象显示快捷菜单 contextMenuStrip1。因此，只需将 richTextBox1 对象的 ContextMenuStrip 属性设置为 contextMenuStrip1，将快捷菜单和鼠标右击事件关联起来，当鼠标右击 richTextBox1 时，即可自动显示快捷菜单 contextMenuStrip1。

本例中，子窗体快捷菜单中，"复制"、"粘贴"、"剪切"的 Click 事件关联代码与编辑菜单中的相应菜单大致相同，差别在于快捷菜单中无须得到子窗体，直接使用 richTextBox1 访问富文本框。"删除"和"全选" Click 事件关联代码如下。

（1）"删除"菜单项。

"删除"菜单项的 Click 事件关联代码为：

```
int m=richTextBox1.SelectionStart;          //保存选中文本的开始位置
richTextBox1.Text=richTextBox1.Text.Remove(richTextBox1.SelectionStart,
richTextBox1.SelectionLength);
//从选中文本开始,删除选中文本长度个字符,即删除选中文本。
richTextBox1.Select(m,0);                    //设置光标的位置为原删除处
```

本段代码中，richTextBox1.Select(x,y)方法的含义为：在 richTextBox1 中，从位置 x 开始，

选中 y 个字符。y 为 0 时没有选中任何字符，其意义为将光标定位在位置 x 处。本段代码第二句的意义为：用删除后的字符串更新 richTextBox1 中的内容。内容更新后，默认光标定位在起始位置处。这与 Windows 中通常"删除"的用法不一致。因此，增加最后一条语句，重新定位光标。

（2）"全选"菜单项。

"全选"菜单项的 Click 事件关联代码为：

```
richTextBox1.SelectAll();                    //选中 richTextBox1 中所有文本
```

需要说明的是，本例旨在介绍多文档应用程序、菜单、通用对话框的使用。为了使代码简洁，易于理解，代码编写并不完善。

思考：

① 本例代码中多次使用语句 ChildForm chd1=(ChildForm)this.ActiveMdiChild;得到当前活动子窗体，再进行后续的处理。但并没有考虑没有任何子窗体打开的情况。当没有任何子窗体打开时，程序运行会出错。"关闭"、"保存"、"字体"和"颜色"等菜单项 Click 事件关联代码都存在此问题。通常的解决方法是在初始状态下设置这些菜单为灰色不可选状态，即设置其 Enabled 属性为 False，可在"属性"窗口中设置或通过编写代码设置；当打开文档后再通过编写代码设置相关菜单项 Enabled 属性为 True，使之为可选状态。

也可以直接判断是否可以得到实际子窗体，若无打开的子窗体时提示警示信息。示例代码例如下：

```
if(this.ActiveMdiChild==null)                    //无打开的子窗体
    MessageBox.Show("没有打开的文档！");          //提示警示信息
else{…}
```

根据上述提示，自选方法，尝试完善程序。

② 通常打开文件后，文件名（不包含路径）将作为标题显示在窗口顶部。完善程序，使打开文件、保存文件后文件名作为标题显示在子窗体顶部。

③ 运行本例程序，单击"春"菜单项更换主窗口背景图片后，若调整主窗口大小，则背景图片刷新存在问题。请查阅相关窗体事件和方法，尝试完善程序，解决该问题。

习题

编程实现班级成绩管理系统。该系统主要用于班级学生成绩的录入、查询和统计计算等。

提示：由于目前还没有学习数据库相关知识，可以在主界面窗体类中定义数组保存相关数据，模拟实现程序功能。多名同学的多门课程成绩可以用二维数组来保存，每行代表一名同学的成绩。再分别定义字符串数组保存学号和姓名。

（1）窗体和菜单：

示例主界面如图 7-16 所示。主界面窗体中的菜单项对应的下一级菜单如图 7-17～图 7-20 所示。

图 7-16　示例主界面 1

图 7-17　示例主界面 2

图 7-18　示例主界面 3

图 7-19　示例主界面 4

图 7-20　示例主界面 5

通过成绩录入菜单可录入各门课程成绩。如单击"高数成绩录入"菜单项可以打开"高数成绩录入"窗体，如图 7-21 所示。该窗体功能为：输入学号，即可根据学号自动显示对应的姓名（可在文本框控件 TextChanged 事件中实现）；输入成绩后单击"录入"按钮则可以将数学成绩保存到二维数组的相应位置。其他科目成绩录入窗体可参考高数录入窗体进行设计。

通过"成绩查询"菜单可实现成绩的统计计算和查询。例如，单科高数成绩查询示例界面，如图 7-22 所示。该窗体实现功能为：输入学号后自动显示姓名；单击"查询"按钮，可显示高数成绩和高数成绩在所有同学中的排名。

图 7-21　"高数成绩录入"窗体

图 7-22　成绩的统计计算和查询

个人平均成绩查询示例界面如图 7-23 所示。该窗体实现功能为：输入学号后自动显示姓名；单击"查询"按钮，可显示个人平均成绩和平均成绩及个人平均成绩在所有同学中的排名。

图 7-23　个人平均成绩查询示例界面

其他查询界面可根据功能，自行设计。

背景更换菜单中可以设置不同风格的背景图片。如单击"阳光操场"菜单项，可切换背景为如图 7-24 所示。

（2）快捷菜单和通用对话框：

在成绩录入窗体中创建快捷菜单，通过通用"字体"对话框设置窗体中控件对象的字体。如高等数学录入界面中的快捷菜单示例如图 7-25 所示。

图 7-24　切换背景

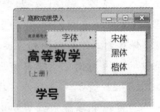

图 7-25　快捷菜单示例

第 8 章 GDI+图形图像技术

GDI（graphics device interface）是微软在 Windows 操作系统中提供的图形设备接口，GDI+（GDI Plus）是对 GDI 的扩展。C#图形图像处理技术中最重要的就是 GDI+，其提供了多种丰富的图形图像处理功能。

GDI+图形图像处理用到的主要命名空间是 System.Drawing，该命名空间中包括 Graphics 类、Image 类、Bitmap 类、Brush 类以及从 Brush 继承的类、Pen 类、Font 类等。通过这些类的属性和方法，提供了丰富的图形图像处理功能。

GDI+主要提供以下 3 类服务：

（1）矢量图形处理。矢量图使用直线和曲线来描述图形，这些图形的元素是一些点、线、矩形、多边形、圆和弧线等，它们都是通过数学公式计算获得的。保存图形时只需要记录直线上关键点的坐标、线段宽度、线段颜色等信息，因此保存图形所需空间小。矢量图形最大的优点是无论放大、缩小或旋转都不会失真。矢量图以几何图形居多，常用于图案、标志等设计。

（2）图像处理。图像指采用扫描设备、摄像设备或专用软件（如 Photoshop 和 Windows 画图等）生成的图片。图像由若干行和列的像素点组成，保存图像时需要记录每个像素点的颜色。与矢量图形相比，图像保存需要更大的空间。图像的优点是可以表现色彩层次丰富的逼真效果。大多数图像都色彩丰富，无法使用矢量图形方式进行处理。GDI+提供了 Image、Bitmap 等类，通过这些类提供的功能和方法，可以方便地对图像进行处理，如图像显示、编辑和保存等。

（3）文字显示。GDI+支持使用各种字体、字号和样式来显示文本。

8.1 GDI+基础

8.1.1 坐标系

GDI+绘图坐标系的坐标原点在窗体或控件的左上角，坐标为 (0,0)，X 轴正方向为水平向右，Y 轴正方向为竖直向下。坐标单位一般以像素为单位，如图 8-1 所示。

8.1.2 点、Size、矩形

Point 结构用来描述点的坐标，一个点的坐标包括 X,Y 两个坐标属性值。其中 X 为该点的水平位置，Y 为该点的垂直位置。

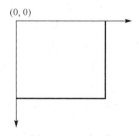

图 8-1 坐标系

Size 结构用来保存一个矩形的宽度和高度。Size 结构的两个常用属性为：Height 和 Width。Height 用来表示矩形的高度，Width 用来表示矩形的宽度。

Rectangle 结构即矩形结构，该结构用 4 个数值保存一个矩形，要保存的值有：矩形左上角坐标(X,Y)和矩形的宽度和高度(Width,Height)。Rectangle 结构常用的几个属性如下所述。

X：表示矩形左上角的 X 坐标。

Y：表示矩形左上角的 Y 坐标。

Location：表示矩形左上角顶点的坐标。

Height：表示矩形的高度。

Width：表示矩形的宽度。

Size：表示矩形的大小。

Top：表示矩形上边的 Y 坐标。

Bottom：表示矩形下边的 Y 坐标，该坐标是此矩形的 Y 与 Height 属性值之和。

Left：表示矩形左边缘的 X 坐标。

Right：表示矩形右边缘的 X 坐标，该坐标是此矩形 X 与 Width 属性值之和。

使用 Point、Size、Rectangle 结构的常见代码如下：

```
Point pt1=new Point();              //创建 Point 类型变量 pt1
pt1.X=40;                           //设置 pt1 水平坐标为 40
pt1.Y=60;                           //设置 pt1 垂直坐标为 60
Point pt2=new Point(100,100);       //创建 Point 类型变量 pt2，其坐标为(100,100)
Size s1=new Size(100,50);           //创建 Size 类型变量 s2，其宽度，高度分别为 100、50
Rectangle rec1=new Rectangle(pt1,s1);
                                    //创建一个左上角位于点 pt1，大小为 s1 的矩形
Rectangle rec2=new Rectangle(50,50,100,80);
                                    //创建一个左上角位于点（50，50），宽 100，高 80 的矩形
```

8.1.3 颜色

在 GDI+中，采用 Color 结构体处理颜色。Color 结构的基本属性由 Alpha 通道（A）和三基色(R,G,B)组成，其属性意义如下所述。

A：Alpha 分量值，取值为 0～255。

R：红色分量值，取值为 0～255。

G：绿色分量值，取值为 0～255。

B：蓝色分量值，取值为 0～255。

Color 结构的常用方法为 FromArgb 和 FromKnownColor。

FromArgb：通过 A、R、G、B 分量值创建一种颜色。使用中也可不指定 A 分量，仅通过 R、G、B 创建颜色。

FromKnownColor：在系统中已预定义大量颜色，如 Red、Yellow 等，通过本方法可以指定要使用的预定义颜色。

使用颜色的常用示例代码如下：

```
Color c=new Color();                //创建一个颜色变量 c
c=Color.FromArgb(120,100,75,44);    //通过 A、R、G、B 分量值，设置 c 的具体颜色
c=Color.FromArgb(100,75,44);        //仅通过 R、G、B 分量值，设置 c 的具体颜色
```

```
Color c1=new Color();              //创建一个颜色变量 c1
c1=Color.FromKnownColor(KnownColor.Purple);//指定 c1 为系统预定义颜色 Purple
```

8.1.4　画笔

画笔（Pen 类）用来绘制指定宽度和样式的直线。画笔对象的常用基本属性如下所述。

Color：表示画笔的颜色。

DashStyle：表示画笔的虚线类型。虚线类型有 Dash、Dot、Dashdot 等。

Width：表示画笔的宽度。

使用画笔的常用示例代码：

```
Color c=new Color();              //创建一个颜色变量 c
c=Color.FromArgb(100,75,44);      //通过 R、G、B 分量值，确定 c 的颜色
Pen p1=new Pen(c,4);              //创建一个颜色为 c，宽度为 4 的画笔 p1
Pen p2=new Pen(Color.Brown,6);    //创建一个颜色为 Brown，宽度为 6 的画笔 p2
Pen p3=new Pen(Color.Red);        //创建一个颜色为 Red 的画笔 p3
p3.Width=10;                      //设置画笔 p3 的宽度为 10
p3.DashStyle=DashStyle.DashDot;   //设置画笔 p3 为虚线，虚线类型为 DashDot 类型
```

8.1.5　画刷

画刷（Brush 类）用来填充封闭图形的内部，如矩形、椭圆、饼形、多边形等。Brush 类是一个抽象基类，不能进行实例化，不能用 Brush 类直接创建画刷。要创建一个画刷对象，可以通过从 Brush 派生出的类创建，如 SolidBrush、TextureBrush 和 LinearGradientBrush 等类。

常用的画刷类有 SolidBrush、TextureBrush、LinearGradientBrush、HatchBrush、PathGradientBrush。

SolidBrush：单色画刷。用单色填充图形（如矩形、椭圆等）内部。

TextureBrush：图像画刷。用图像（如位图、JPEG 图像等）来填充图形内部。

LinearGradientBrush：渐变画刷。用线性渐变颜色填充图形内部。

PathGradientBrush：路径渐变画刷。用渐变颜色填充图形内部。渐变是从路径中心到路径外边缘的平滑彩色渐变。

HatchBrush：阴影画刷。通过阴影样式、前景色和背景色定义画刷填充图形。

使用画刷的常用示例代码如下：

```
SolidBrush b1=new SolidBrush(Color.Blue);//创建画刷对象 b1，颜色为 Blue
HatchBrush b2=new HatchBrush(HatchStyle.DarkVertical,Color.YellowGreen,
Color.Red);
//创建画刷对象 b2，阴影样式为 DarkVertical，前景色为 YellowGreen，背景色为 Red
Point p1=new Point(0,0),p2=new Point(100,100);//创建两个点 p1，p2
LinearGradientBrush b3=new LinearGradientBrush(p1,p2,Color.Red,Color.Blue);
//创建画刷对象 b3，将使封闭图形颜色在 p1 和 p2 之间从 Red 渐变到 Blue
Point[] ps=new Point[3]{new Point(50,0),new Point(0,100),new Point(100,
100)};
//创建多个点，多个点组成一个封闭路径
PathGradientBrush b4=new PathGradientBrush(ps,WrapMode.Clamp);
//创建画刷对象 b4，按指定路径 ps 以渐变色填充封闭图形
```

```
b4.CenterColor=Color.Red;//渐变中心的颜色为 Red
b4.SurroundColors=new Color[]{ Color.Blue};//渐变边缘的颜色为蓝色
Bitmap bmp=new Bitmap(@"f:\spring.jpg");//创建 Bitmap 对象 bmp,并以 f 盘图像
文件 spring.jpg 初始化 bmp。
TextureBrush b5=new TextureBrush(bmp);//根据图像对象 bmp 创建图像画刷
```

8.1.6 画布

在 GDI+中,要绘图首先必须创建一个绘图画布。通过 Graphics 类可创建 GDI+画布。在绘制任何对象之前都需要创建一个 Graphics 类对象作为绘图画布。创建 Graphics 对象有 3 种方法:

(1)通过控件或窗体 Paint 事件中的 PaintEventArgs 类型参数 e 创建画布。这种方法用于在已经存在的窗体或控件上绘图,画布上的绘制将显示在窗体或控件中。

例如,在窗体的 Paint 事件中,创建画布的代码如下:

```
private void Form1_Paint(object  sender, PaintEventArgs e)
{
    Graphics g=e.Graphics;
    //创建画布对象 g。此后在画布上的绘制将显示在窗体中
}
```

(2)通过调用控件或窗体的 CreateGraphics 方法创建 Graphics 画布。这种方法同样用于在已经存在的窗体或控件上绘图,画布上的绘制将显示在窗体或控件中。

例如,在窗体的 Click 事件中创建画布的代码如下:

```
private void Form1_Click(object sender,EventArgs e)
{
    Graphics g=this.CreateGraphics();
    //创建画布对象 g。此后在画布上的绘制将显示在窗体中
}
```

(3)从图像对象创建 Graphics 对象。当需要对图像进行编辑修改并保存结果时,通常采用这种方法创建画布。通过这种方式创建的画布并不能直接显示。

例如在按钮的 Click 事件中,从图像对象创建画布。

```
private void button1_Click(object sender,EventArgs e)
{
    Bitmap bmp=new Bitmap(@"f:\spring.jpg");
    //创建 Bitmap 对象 bmp,并以 f 盘图像文件 spring.jpg 初始化 bmp
    Graphics g=Graphics.FromImage(bmp);      //根据图像 bmp 创建画布对象 g
}
```

此例可以直观简单地理解为用 bmp 对象作为画布。

8.2 GDI+基础图形绘制

创建好画布之后,就可以通过 Graphics 类提供的方法在画布上进行绘图。常用的绘图方

法有：绘制直线 DrawLine、绘制矩形 DrawRectangle、绘制多边形 DrawPolygon、绘制椭圆 DrawEllipse、绘制圆弧 DrawArc、绘制文本 DrawString、绘制图像 DrawImage 等。C#中的方法用法灵活，这些方法中的每种方法都有多种用法，需要通过查阅资料并大量练习才能掌握。

8.2.1　绘制直线

DrawLine 方法用于绘制直线。例如，在窗体的 Click 事件中有如下绘图代码：

```
private void Form1_Click(object sender,EventArgs e)
{
    Graphics g=this.CreateGraphics();        //创建画布
    Pen pen1=new Pen(Color.Blue,10);         //创建蓝色画笔，宽度为 10
    g.DrawLine(pen1,20,30,300,30);           //从点(20,30)到点(300,30)画一条直线
    pen1.DashStyle=DashStyle.DashDot;        //设置短虚线样式为 DashDot
    //使用 DashStyle 需要添加对名称空间的 System.Drawing.Drawing2D 引用
    pen1.Color=Color.Red;                    //设置画笔颜色为 Red
    g.DrawLine(pen1,20,60,300,60);           //从点(20,60)到点(300,60)画一条虚线
    Bitmap bmp=new Bitmap(@"f:\spring.jpg");  //创建图像对象 bmp
    TextureBrush tb=new TextureBrush(bmp);    //创建图像画刷 tb
    Pen pen2=new Pen(tb,20);                 //以图像画刷 tb 创建画笔，宽度 20
    g.DrawLine(pen2,20,90,300,90);
                          //以图像画笔从点(20,90)到点(300,90)画一条直线
}
```

注意：本段代码需要使用 using System.Drawing.Drawing2D;语句增加对命名空间 Drawing2D 的引用。

运行窗体应用程序，单击窗体，则画图结果如图 8-2 所示。

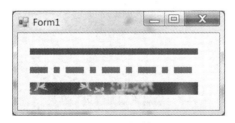

图 8-2　画图结果

【例 8.1】创建 Windows 窗体应用程序，在窗体窗口中绘制正弦曲线。

编程分析：绘制曲线的思路是，在曲线上取多个点，计算每个点的坐标，再通过 DrawLine 方法将所有相邻的点连接起来，即可得到一条曲线。

本例在窗体 Paint 事件中完成正弦曲线绘制，实现代码如下：

```
private void Form1_Paint(object sender,PaintEventArgs e)
{
    Graphics g=e.Graphics;                       //创建画布
    int halfWidth=this.ClientRectangle.Width/2;  //计算窗体窗口宽度一半的值
    int halfHeight=this.ClientRectangle.Height/2; //计算窗体窗口高度一半的值
```

```
Pen pen=new Pen(Color.Blue,2);                    //创建画笔对象pen
AdjustableArrowCap arrow=new AdjustableArrowCap(8,8,false);
                                                  //创建箭头对象arrow
pen.CustomEndCap=arrow;       //将箭头对象arrow用于画笔pen1的终端
g.DrawLine(pen,10,halfHeight,this.ClientRectangle.Width-10,halfHeight);
                                                  //画横坐标轴
g.DrawLine(pen,halfWidth,this.ClientRectangle.Height-10,halfWidth,10);
                                                  //画纵坐标轴
g.TranslateTransform(halfWidth,halfHeight);    //将坐标原点转换到画布中心
Point p1=new Point(-360,0),p2=new Point();       //创建起始点和相邻点
        //X轴的值从-360度变化到360度,步长为1,确定720个点,并计算点的坐标
for(int i=-359;i<361;i++)
{
    p2.X=i;
    p2.Y=Convert.ToInt32(100*Math.Sin(i*Math.PI/180.0));
    g.DrawLine(Pens.Red,p1,p2);                  //画线段连接相邻的点
    p1=p2;                                       //更新下一次连线的起始点
}
}
```

代码分析：本例中使用 AdjustableArrowCap 类需要添加对名称空间 System.Drawing.Drawing2D 的引用。在计算点的 Y 坐标值时，由于 sin(x) 的值太小，不能很好地显示，故对其值放大 100 倍。

运行程序，结果如图 8-3 所示。

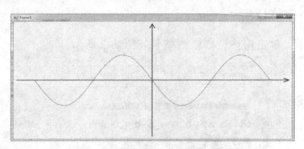

图 8-3　绘制正弦曲线运行结果

8.2.2　绘制矩形

DrawRectangle 方法用于绘制矩形。FillRectangle 方法用于填充矩形。例如，在窗体的 Click 事件中有如下绘图代码段：

```
Graphics g=this.CreateGraphics();
Size s1=new Size(100,50);
Point p1=new Point(10,10);
Rectangle rec1=new Rectangle(p1,s1);
                //创建一个左上角位于点p1,大小为s1的矩形
Rectangle rec2=new Rectangle(80,80,100,80);
                //创建一个左上角位于点(80,80),宽100,高80的矩形
```

```
g.DrawRectangle(new Pen(Color.Blue,10),rec1);      //用蓝色画笔绘制矩形 rec1
g.FillRectangle(new SolidBrush(Color.Red),rec2);   //用红色画刷填充矩形 rec2
```

最终运行结果如图 8-4 所示。

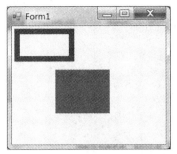

图 8-4　矩形绘制结果

【例 8.2】创建 Windows 窗体应用程序，在窗体窗口中绘制不断缩小的矩形，且矩形颜色不断变化，最小的矩形使用黑色填充，效果如图 8-5 所示。

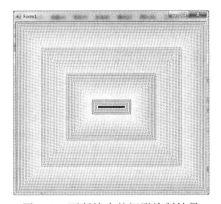

图 8-5　不断缩小的矩形绘制结果

编程分析：首先可通过窗体的 ClientRectangle 属性得到窗体窗口矩形，即最大的矩形。后面的矩形可在最大矩形的基础上依次不断缩小，不断缩小的矩形可通过不断改变矩形左上角坐标和大小实现。不断变化的颜色可以通过 RGB 分量值的不断变化实现。本例中要绘制的矩形个数是不确定的，与窗体的大小、矩形每次缩小的量有关，可以通过无限循环来实现，在每次循环中改变矩形大小和颜色。当画出最小的矩形时结束循环。最小的矩形意味着该矩形不可再缩小，即要缩小的高度或宽度值大于最大矩形的宽度或高度。

编程实现：本例在窗体 Click 事件中完成矩形绘制，实现代码如下：

```
Graphics g=this.CreateGraphics();
Rectangle rect=this.ClientRectangle;        //得到窗体窗口矩形结构
Rectangle rect1=new Rectangle();            //rect1 表示不断缩小的矩形变量
Color c=Color.FromArgb(0,0,0);              //初始颜色设置成黑色
Pen pen=new Pen(c);
for(int i=0;true;i++)
{
    if(rect.Width>10*i&&rect.Height>10*i)
```

```
    {
        rect1=new Rectangle(5*i,5*i,rect.Width-10*i,rect.Height-10*i);
        //每次循环使rect1矩形左上角向右下移动5,宽和高各缩小10
        c=Color.FromArgb((c.R+10)%256,(c.G+15)%256,(c.B+20)%256);
        //颜色的RGB分量每次增加20,实现颜色不断变化
        pen.Color=c;
        g.DrawRectangle(pen,rect1);         //画矩形
    }
    else                                    //已经画完最小矩形,不可再缩小
        break;
}
g.FillRectangle(Brushes.Black,rect1);       //用黑色画刷填充最小的矩形
```

代码分析：由于颜色的 RGB 分量值不能超过 255，因此通过对 256 求余，可确保颜色分量值在 0～255 之间。

8.2.3　绘制多边形

DrawPolygon 方法用于绘制多边形。FillPolygon 方法用于填充多边形。绘制多边形需要给出多边形所有顶点的坐标，通过依次连接相邻顶点，得到多边形。

例如：在窗体的 Click 事件中有如下绘图代码：

```
Graphics g=this.CreateGraphics();
Point[] pts=new Point[]{new Point(50,50),new Point(100,150),new Point(150,
40),new Point(120,25),};                    //通过Point数组,保存4个顶点坐标
g.DrawPolygon(new Pen(Color.Red,6),pts);    //用红色画笔绘制多边形
g.FillPolygon(Brushes.Yellow,pts);          //用黄色画刷填充多边形
```

最终运行结果如图 8-6 所示。

【例 8.3】建立窗体应用程序，在窗体中绘制正六边形。

编程分析：绘制多边形的关键是确定多个顶点的坐标。假设正六边形的中心点坐标为 (x,y)，顶点到中心的距离为 r，如图 8-7 所示，则顶点 p 的坐标为(x+r*cos(a),y+r*sin(a))。正六边形相邻顶点到中心连线与 x 轴的夹角依次相差 60°，可以定义 Point 类型数组，通过循环结构依次计算每个点的坐标。

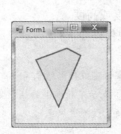

图 8-6　多边形绘制结果

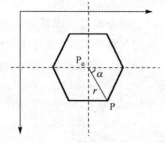

图 8-7　正六边形

本例在窗体 Paint 事件中完成矩形绘制，实现代码如下：

```
Graphics g=e.Graphics;
```

```
int n=6;                             //六个顶点
int r=100;                           //顶点到中心的距离
Point p=new Point(200,200);          //中心点位置
Point[] pts=new Point[n];            //定义 Point 类型数组，保存顶点坐标
double angle=Math.PI/180;
for(int i=0;i<n;i++)                 //循环计算每个顶点坐标
{
    pts[i].X=(int)(p.X+r*Math.Cos(angle*360/n*i));
    pts[i].Y=(int)(p.Y+r*Math.Sin(angle*360/n*i));
}
Pen pen=new Pen(Color.Yellow,3);
LinearGradientBrush brush=new LinearGradientBrush(pts[1],pts[4],Color.Red,
Color.Yellow);                       //设置线性渐变画刷
g.FillPolygon(brush,pts);            //以画刷 brush 填充多边形
g.DrawPolygon(pen,pts);              //以画笔 pen 绘制多边形边
```

代码分析：本例以正六边形为例，其实任意正 n 边形的绘制同样适用，只需将 n 的值设置为不小于 3 的任意值即可。多边形的填充使用了线性渐变画刷，在两个相对的顶点间从红色渐变至黄色。由于点的坐标均为 int 类型，因此需要通过强制类型转换(int)将表达式运行结果转换为 int 型。

程序运行结果如图 8-8 所示。

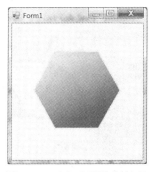

图 8-8　正六边形绘制结果

8.2.4　绘制椭圆、扇形、圆弧

DrawEllipse、FillEllipse 方法分别用于绘制、填充椭圆；DrawPie、FillPie 方法分别用于绘制、填充扇形；DrawArc 方法用于绘制圆弧。

椭圆绘制中，椭圆的位置和大小由椭圆的外接矩形决定。扇形、圆弧可看作椭圆的一部分，因此在扇形、圆弧的绘制中，其位置和大小由扇形、圆弧所在椭圆的外接矩形决定，矩形的中心点即为椭圆的中心点。例如，在窗体的 Click 事件中有如下绘图代码：

```
Rectangle rect=new Rectangle();         //椭圆外接矩形
rect.X=10;
rect.Y=10;
rect.Width=this.ClientRectangle.Width/2-20;
```

```
rect.Height=this.ClientRectangle.Height-20;
Graphics g=this.CreateGraphics();
Pen pen=new Pen(Color.Red);
g.SmoothingMode=SmoothingMode.AntiAlias;    //消除绘制中的锯齿
//注意: 使用 SmoothingMode 需要增加对命名空间 Drawing2D 的引用
g.DrawEllipse(pen,rect);//用画笔 pen 绘制以 rect 为外接矩形的椭圆
Bitmap bmp=new Bitmap(@"f:\spring.jpg");
            //以 f 盘图像文件 spring.jpg 创建 Bitmap 对象bmp
TextureBrush b=new TextureBrush(bmp);         //创建图像画刷
g.FillEllipse(b,rect);//用图像画刷 b 填充以 rect 为外接矩形的椭圆
Rectangle rect1=new Rectangle();              //扇形、圆弧外接矩形
rect1.X=this.ClientRectangle.Width/2;
rect1.Y=10;
rect1.Width=this.ClientRectangle.Width/2-20;
rect1.Height=this.ClientRectangle.Height-20;
g.DrawPie(new Pen(Color.Red,6),rect1,180,60);
   //绘制以 rect1 为外接矩形的扇形, 用红色画笔从180° 开始, 绘制跨度为顺时针60° 的扇形
g.FillPie(Brushes.Blue,rect1,0,-60);
   //填充以 rect1 为外接矩形的扇形, 用蓝色画刷从 0° 开始, 填充跨度为逆时针60° 的扇形
g.DrawArc(new Pen(Color.Red,6),rect1,-75,-30);
   //绘制以 rect1 为外接矩形的圆弧, 用红色画笔从-75° 开始, 绘制跨度为逆时针30° 的圆弧
```

最终运行结果如图 8-9 所示。

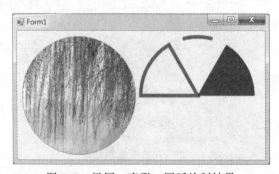

图 8-9　椭圆、扇形、圆弧绘制结果

除应用于画图外, 基础的图形绘制也可以用于其他实际应用中。例如, 在进行数据统计处理时, 可通过直线绘制折线图, 通过扇形绘制饼状图, 通过矩形绘制直方图。

8.3　GDI+图像处理基础

GDI+具有强大的图像处理功能, 可支持多种类型图像的处理, 比如常见的 BMP、JPEG、GIF、PNG 等类型。通过 GDI+中提供的图像处理方法, 可以轻松实现图像的显示、保存、编辑、旋转、缩放等基础功能。通过对图像像素点的提取和变换, GDI+可实现各种图像的特效处理效果, 如浮雕、黑白、锐化等。GDI+中图像处理主要用到的类为 Image 和 Bitmap。以下介绍基本的图像显示、编辑和保存功能。

8.3.1　Bitmap 类

Image 类提供图像文件操作和处理功能。Image 类是一个抽象类，不能被实例化，即不能通过调用该类生成一个对象。Bitmap 类是从 Image 类派生出的一个图像处理类，用于处理由像素数据定义的图像对象。Bitmap 类的常用属性有：

Height：表示图像的高度（以像素为单位）。

Width：表示图像的宽度（以像素为单位）。

Size：表示图像宽度和高度（以像素为单位）。

HorizontalResolution：获取图像的的水平分辨率（以"像素/in"为单位）。

VerticalResolution：获取图像的垂直分辨率（以"像素/in"为单位）。

Bitmap 类的常用方法有：

Clone：创建图像的一个副本。

Dispose：释放图像占用的所有资源。

GetPixel：获取图像中指定像素的颜色。

RotateFlip：旋转、翻转图像。

Save：将图像保存为指定的文件。

SetResolution：设置图像的分辨率。

例如，建立 Windows 窗体应用程序，在窗体的 Paint 事件中有如下绘图代码：

```
Graphics g=e.Graphics;                    //创建 Graphics 类对象 g 作为绘图画布
Bitmap bp=new Bitmap(@"f:\cat.jpg");//创建 Bitmap 类对象 bp
 g.DrawImage(bp,0,0,bp.Width/2,bp.Height/2);    //在画布 g 上绘制图像对象 bp，
绘制位置为矩形，左上角坐标（0，0），宽度和高度为图像 bp 宽度和高度的一半（缩小原图）
 bp.RotateFlip(RotateFlipType.Rotate90FlipX);
 //旋转、翻转图像 bp，顺时针旋转 90 度，X 轴方向水平翻转
 g.DrawImage(bp,bp.Height/2+10,0,bp.Width/2,bp.Height/2);
 //在画布 g 上绘制图像对象 bp，此时绘制的图像为旋转、翻转后的图像
 bp.Save(@"f:\cat.png",System.Drawing.Imaging.ImageFormat.Png);
 //保存图像 bp，图像格式为 Png，保存在 f 盘下，文件名为 cat.png
 bp.Dispose();                           //释放 bp
```

运行程序结果如图 8-10 所示。

图 8-10　图像处理结果

8.3.2　图像显示、编辑和保存

【例 8.4】创建 Windows 窗体应用程序，打开一个图像文件，对图像进行编辑，并保存编辑后的图像。例如，本例中在图像上添加了古诗《独坐敬亭山》的书法作品，最终效果如图 8-11 所示。

图 8-11　图像编辑效果

编程分析：本例中要在图像上添加文本，并需要保存编辑后的结果。因此，需要采用Graphics 类的 FromImage 方法从图像对象创建 Graphics 类画布对象，用于图像的编辑和保存。创建好画布对象后，可以通过 DrawString 方法在图像上添加字符，通过 Save 方法保存编辑后的图像。注意此时编辑效果并没有显示在屏幕中。要查看编辑效果，如查看文本大小、颜色、位置等是否合适，还需要将图像和编辑效果显示在窗体中。因此，还需要再创建一个用于显示图像效果的画布，显示编辑好的图像。

本例在窗体 Paint 事件中完成图像编辑功能，实现代码如下：

```
Bitmap bmp=new Bitmap(@"f:\独坐敬亭山.jpg");//创建图像对象bmp
Graphics pic=Graphics.FromImage(bmp);
                        //根据图像对象bmp创建画布对象pic，该画布在屏幕中不可见
Font font=new Font("方正启体简体",22);           //设置字体格式
SolidBrush brush=new SolidBrush(Color.Black);
Point point=new Point(250,190);                //设置添加字符串的起始位置
StringFormat format=new StringFormat(StringFormatFlags.DirectionVertical);
    //设置文字格式为垂直格式
pic.DrawString("独坐敬亭山",font,brush,point,format);
    //以指定字体font、画刷brush和文本格式format在指定位置point绘制字符串
point.Offset(-45,55);                          //更新Point位置
pic.DrawString("李白",font,brush,point,format);
point.Offset(-45,-55);
pic.DrawString("众鸟高飞尽",font,brush,point,format);
point.Offset(-30,0);
```

```
pic.DrawString("孤云独去闲",font,brush,point,format);
point.Offset(-30,0);
pic.DrawString("相看两不厌",font,brush,point,format);
point.Offset(-30,0);
pic.DrawString("只有敬亭山",font,brush,point,format);
bmp.Save(@"f:\dzjts.jpg",System.Drawing.Imaging.ImageFormat.Jpeg);
    //保存图像编辑后的bmp，图像格式为Jpeg，保存在f盘下，文件名为dzjts.jpg
Graphics g=this.CreateGraphics();//在窗体中创建画布，该画布在显示屏幕中可见
g.DrawImage(bmp,0,0);//在画布g中绘制bmp1，即显示图像，查看编辑效果
```

代码分析：本例代码的处理流程为，打开原图→绘制文本→保存→查看效果。首先，以
"独坐敬亭山.jpg"图像为背景创建画布，可以理解为画布就是一张图片。然后通过文本绘制，
在图片画布上绘制文本，即在图片上写诗。这一过程是在内存中进行的，并不可见。绘制的
效果是否令人满意，需要通过一个可显示的画布显示出来，因此，代码的最后两句通过显示
绘制文本后的图像，显示编辑效果。如果不令人满意，则需要重新调整字形、字体大小及文
本绘制位置。

【例 8.5】创建 Windows 窗体应用程序，打开一个彩色图像文件，对该图像进行处理，单
击"黑白"按钮，将左侧彩色图像转换为黑白图像，并显示在右侧。最终效果如图 8-12 所示。

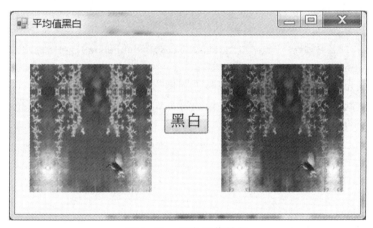

图 8-12　黑白图像效果

编程分析：图像是由若干行和列的像素点组成，每个像素点实际上可视为一个 Color 类
对象，像素点的颜色由 Color 对象的 R（红）、G（绿）、B（蓝）分量值决定。通过 Bitmap 类
的 GetPixel 方法，可以得到一个像素点对应的 Color 对象；通过 Bitmap 类的 SetPixel 方法，
可以改变一个像素点对应 Color 对象的 R（红）、G（绿）、B（蓝）分量值。通过遍历图像上
的所有像素点，并采用 GetPixel 方法、SetPixel 方法分别得到、设置每个像素点的 R（红）、G
（绿）、B（蓝）分量值，即可实现一整幅图像颜色的改变。

常见的彩色图像转黑白图像的方法有：

最大值法：将每个像素点的 R、G、B 值都设置为 RGB 值中最大的一个。

平均值法：将每个像素点的 R、G、B 值都设置为 RGB 值的平均值。

加权平均值法：将每个像素点的 R、G、B 值都设置为 a*R+b*G+c*B，其中 a+b+c=1。

本例采用平均值法实现。首先新建窗体应用程序，在窗体设计器中增加两个 PictureBox 对象和一个 Button 对象。将 PictureBox1 的 Image 属性设置为一张彩色图像。在"黑白"按钮的 Click 事件中编写如下代码：

```
int width=pictureBox1.Image.Width;
int height=pictureBox1.Image.Height;
Bitmap newBitmap=new Bitmap(width,height);
Bitmap oldBitmap=(Bitmap)this.pictureBox1.Image;
Color pixel;
for(int x=0;x<width;x++)
    for(int y=0;y<height;y++)
    {
        pixel=oldBitmap.GetPixel(x,y);
        int r,g,b,Result=0;
        r=pixel.R;
        g=pixel.G;
        b=pixel.B;
        //实例程序以加权平均值法产生黑白图像
        Result=(r+g+b)/3;
        newBitmap.SetPixel(x,y,Color.FromArgb(Result,Result,Result));
    }
pictureBox2.SizeMode=System.Windows.Forms.PictureBoxSizeMode.StretchImage;
this.pictureBox2.Image=newBitmap;
```

代码分析：首先指定 pictureBox1 中的彩色图像为 oldBitmap；通过两层循环的嵌套分别遍历 oldBitmap 图像像素点的列数和行数，得到每个 oldBitmap 中像素点的颜色，并计算每个像素点颜色 R、G、B 分量的平均值 Result；设置 newBitmap 中相同位置的像素点的颜色 R、G、B 分量值均为 Result，实现图像黑白化；最后，将黑白化后的图像显示在 pictureBox2 中。

习题

1. 绘制如图 8-13 所示的双重闭合正弦曲线。

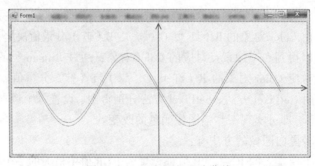

图 8-13　双重闭合正弦曲线

2. 绘制如图 8-14 所示的彩虹图。

3. 绘制如图 8-15 所示的五环图。

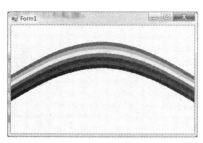

图 8-14　彩虹图　　　　　　　　　　图 8-15　五环图

4. 实现如图 8-16 所示的转黑白图像算法测试应用程序。通过单击"最大值"按钮、"平均值"按钮、"加权平均值"按钮，将转换后的效果分别显示在对应的区域，如图 8-17 所示。

图 8-16　彩色图像　　　　　　　　图 8-17　转换后的黑白图像

第 9 章
Windows 编程
常用事件处理

本章以简单的游戏设计为例,介绍一些常用的 Windows 编程事件处理方法。希望通过本章的介绍,使读者能进一步体会基于面向对象的 Windows 图形界面化编程方式。

9.1 图片移动:游动的小鱼

【例 9.1】新建 Windows 窗体应用程序项目,设置生成的窗体背景图片为海底图片。在窗体中新增一个 PictrueBox 控件对象,该对象默认 Name 属性为 pictrueBox1。设置 pictrueBox1 控件对象的 Image 属性为小鱼图片。小鱼图片可选择背景为透明效果的 PNG 格式图片。也可以选择背景透明的 GIF 动态图片,这样视觉效果更佳。设计界面效果如图 9-1 所示。要求程序运行后,图中小鱼从左向右游动起来。

图 9-1 游动初始界面

编程分析:小鱼图片本质上是 pictureBox1 对象,通过设置其 image 属性在该控件上显示了一条小鱼图片。小鱼从左向右的游动其实就是 pictureBox1 对象的位置从左向右移动。因此,只需要在一定的时间间隔内使 pictureBox1 对象的位置(Location 属性)向右变化即可。Visual Studio 中提供了一个计时器类,即 Timer 类,可以很方便地实现计时功能。Timer 类的常用属性和事件如下所述。

Interval 属性:设置计时器计时时间间隔,单位为 ms。

Tick 事件：计时器计时时间到，则触发该事件。

Start 方法：启动计时器。

Stop 方法：停止计时器。

在窗体设计环境下，Timer 控件位于"工具箱"中的"组件"选项下。向窗体中增加一个 Timer 控件对象，该对象默认名称为 timer1。通过 timer1 对象计时，即可实现 PictureBox 对象位置的移动，即鱼的游动。

编程实现：

首先，在窗体的加载事件 Load 中设置计时器间隔并启动计时器。代码如下：

```
private void Form1_Load(object sender,EventArgs e)
{
    timer1.Interval=10;        //设置计时器间隔10ms
    timer1.Start();            //启动计时器
}
```

此后，每 10 ms 计时时间到后，即触发计时器 timer1 的 Tick 事件。在 Tick 事件中编写代码，实现鱼的游动。代码如下：

```
private void timer1_Tick(object sender,EventArgs e)
{
    pictureBox1.Location=new Point(pictureBox1.Location.X+2,
                                   pictureBox1. Location.Y);
}
```

运行程序，即可看到小鱼自左向右移动。

但运行结果存在图像闪烁问题。该问题可通过在窗体构造函数 public Form1()中设置控件绘制方式和开启双缓存进行改善。改进后窗体构造函数 public Form1()中的代码如下：

```
public Form1()
{
    InitializeComponent();
    SetStyle(ControlStyles.AllPaintingInWmPaint,true); //设置控件绘制方式
    SetStyle(ControlStyles.DoubleBuffer,true);         //设置双缓冲
}
```

编程分析：本例中当每次计时器 timer1 到时后，Tick 事件将触发。该事件中的代码使小鱼图片每次向右移动 2 个像素。这个值可以视为小鱼的游动速度，增加该值可以让小鱼速度加快。若程序代码中多次用到小鱼速度值，直接采用常量的方式会导致修改、维护不便，此时，可以定义一个全局变量保存小鱼游动速度。较大的变量值表示小鱼游动速度快，较小的值表示游动速度慢；正值表示向右游动，负值表示向左游动。当需要调整小鱼速度时，只需要修改全局变量的值即可。

【例 9.2】改进上例程序，使小鱼能在海底来回游动，即游到最右侧后向左游，游到最左侧后向右游动。

编程分析：来回游动的实现思路是：当小鱼位置 X 轴坐标大于窗体右边界（窗体宽度 Width）时，使小鱼向左移动，即 X 轴坐标减小；当小鱼位置 X 轴坐标小于窗体左边界（X 轴坐标为 0）时，使小鱼向右移动，即 X 轴坐标增加。可定义一个全局变量保存小鱼速度，在小鱼的游动过程中，通过判断小鱼的位置，当小鱼在最右侧时，可设置小鱼速度变量值为

负值，此后，小鱼将向左侧游动；反之，则设置速度为正值，小鱼将向右侧游动。

编程实现：

```
int speedX=2;//定义全局变量保存小鱼速度，初始值为2
```

编辑 timer1 对象的 Tick 事件如下：

```
private void timer1_Tick(object sender,EventArgs e)
{
    pictureBox1.Location=new Point(pictureBox1.Location.X+speedX,
                                   pictureBox1.Location.Y);
    if(pictureBox1.Location.X>Width+200)    //超出右边界
    {
        speedX=-2;                               //速度为负值，向左游
        pictureBox1.Image.RotateFlip(RotateFlipType.RotateNoneFlipX);
                                                 //小鱼向反方向游动
    }
    else if(pictureBox1.Location.X<-200)    //超出左边界
    {
        speedX=2;       //速度为正值，向右游
        pictureBox1.Image.RotateFlip(RotateFlipType.RotateNoneFlipX);
                                                 //小鱼向反方向游动
    }
}
```

编程分析：注意鱼的游动速度变量 speedX 的定义在 timer1_Tick 方法之外，是一个全局变量。代码实现中，小鱼回游的位置没有准确地设置为左、右边界，而是在左、右边界之处增加了 200 余量，可以得到更好的视觉效果。

此外，若代码功能仅实现小鱼图片来回游动，则会看到小鱼倒着游的情况，这与实际情况不符。为了得到更好的效果，小鱼需要掉转方向游动。小鱼掉转方向只要对 picturetrueBox1 中显示的小鱼图像进行翻转，即可达到视觉上小鱼掉转方向的效果。PictureBox 类对象中显示的图像可通过其 Image 属性进行修改和设置。Image 类提供了 RotateFlip 方法，可以很方便地实现图像旋转（Rotate）和翻转（Flip），并可根据实际需要设置各种旋转和翻转类型（RotateFlipType）。可通过 Visual Studio 代码编辑环境下的代码提示功能查看提供的旋转和翻转模式，如图 9-2 所示。例如，要使 picturetrueBox1 中的小鱼在 X 轴方向掉转方向，实现语句为：

```
pictureBox1.Image.RotateFlip(RotateFlipType.RotateNoneFlipX);
```

该语句中，RotateFlip 方法参数指定的旋转翻转模式为不旋转（RotateNone），只进行水平方向（X 轴方向）翻转（FlipX），即掉转方向效果。

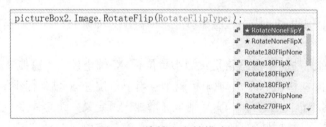

图 9-2   旋转和翻转模式

思考：

① 当小鱼超出窗体范围重新游回时，小鱼出现的 Y 坐标位置总是固定的。要有更好的模拟效果，希望小鱼出现时的 Y 轴坐标位置是随机的。请编程实现该功能。

② 编程实现两条小鱼来回游动功能。

提示：可在窗体设计器中增加一条小鱼，即新增一个 PictureBox 对象。并可为新增小鱼设置一个全局变量，保存小鱼游动速度，从而方便设置新增小鱼游动速度与原有小鱼速度不同。

9.2　键盘事件：控制小鱼游动

在 C#中，当用户操作键盘时，会触发键盘事件。最常用的键盘事件有 KeyDown、KeyUp 等。

KeyDown：在键盘上按下某个键时触发。如果按住某个键不释放，会不断触发该事件。

KeyUp：释放某个键盘按键时触发。该事件仅在松开按键时触发一次。

键盘事件的常用属性是：KeyCode。通过 KeyCode 属性可以得到 KeyDown、KeyUp 事件的具体按键值，即按了某个键或松开某个键。

数字 0～9 对应的 KeyCode 分别为：Keys.D0～Keys.D9。

字母 A～Z 对应的 KeyCode 分别为：Keys.A～Keys.Z。

【↑】、【↓】、【→】、【←】键对应的 KeyCode 分别为：Keys.Up、Keys.Down、Keys.Right、Keys.Left。

通过在键盘事件中编写程序，可以实现程序员所需要实现的功能。

【例 9.3】在上例 Windows 窗体应用程序项目的基础上，在窗体中新增一个 PictureBox 控件对象，对象默认 Name 属性为 pictureBox2，将其 Image 属性设置为另一条小鱼图片，界面效果如图 9-3 所示。要求通过键盘【↑】、【↓】、【→】、【←】键控制新增小鱼游动。

图 9-3　游戏初始界面

编程分析：本例只需要在按某键时，根据所按的键按要求移动 PictureBox 类对象即可实现按键控制图片（如小鱼、人物、坦克、战机等）运动的功能。要对按键做出响应，需要编写窗体对象的 KeyDown 事件对应的代码。

在窗体 Form1 对象属性设置中，选择并编辑 KeyDown 事件。编写代码如下：

```
private void Form1_KeyDown(object sender,KeyEventArgs e)
{
  if(e.KeyCode.Equals(Keys.Up))              //判断按键是否为【↑】
    pictureBox2.Location=new Point(pictureBox2.Location.X,
                           pictureBox2. Location.Y-15);
  else if(e.KeyCode.Equals(Keys.Down))   //判断按键是否为【↓】
    pictureBox2.Location=new Point(pictureBox2.Location.X,
                           pictureBox2. Location.Y+5);
  else if(e.KeyCode.Equals(Keys.Left))   //判断按键是否为【←】
    pictureBox2.Location=new Point(pictureBox2.Location.X-5,
                           pictureBox2. Location.Y);
  else if(e.KeyCode.Equals(Keys.Right))  //判断按键是否为【→】
    pictureBox2.Location=new Point(pictureBox2.Location.X+5,
                           pictureBox2. Location.Y);
}
```

代码分析：KeyDown 方法有两个参数。object sender:sender 表示触发该事件的控件对象，此例中即为 form1 对象；KeyEventArgs e 表示键盘事件对象。通过键盘事件的 KeyCode 属性值可判断按了哪个键，并根据按键值移动 pictureBox2 的位置，实现图像的移动。代码中按键值判断采用了 equals 方法，例如 e.KeyCode.Equals(Keys.Up)，简单地采用 e.KeyCode==Keys.Up 进行判断，同样可以实现判断功能。

运行程序，可以看到图像移动功能正常，但会出现键盘控制的小鱼倒着游的情况，这与实际情况不符。此时，可以尝试在按【→】键代码处简单地增加 Image 类的 RotateFlip 方法，完成小鱼转向功能。但是，运行后将会发现，按【→】键不放时小鱼在游动中始终处于不断的转向中。其原因是只要响应按键事件，RotateFlip 方法就会执行，小鱼就会转向。按住【←】键不放，KeyDown 事件就一直在响应，小鱼就会一直掉头。

【例 9.4】在例 9.3 基础上，使用键盘控制小鱼左右游动时，小鱼可转向游动。

编程分析：小鱼转向功能可通过 Image 类的 RotateFlip 方法实现，关键在于判断什么情况下需要转向，什么情况下不需要转向。以按【←】键为例，如图 9-3 所示，当 pictureBox2 中的小鱼鱼头向左时，无需转向。当鱼头向右时，则需要转向。因此，需要定义一个全局变量，保存鱼头的方向，之后可通过该变量值，即鱼头的方向来判断是否需要转向。

在上例的基础上，改进并增加代码如下：

```
bool directionLeft=true;//定义全局变量保存鱼头的方向。初始值为 True，表示向左。
private void Form1_KeyDown(object sender,KeyEventArgs e)
{
  if(e.KeyCode.Equals(Keys.Up))
    pictureBox2.Location=new Point(pictureBox2.Location.X,
                           pictureBox2. Location.Y-15);
 else if(e.KeyCode.Equals(Keys.Down))
    pictureBox2.Location=new Point(pictureBox2.Location.X,
                           pictureBox2. Location.Y+5);
```

```
else if(e.KeyCode.Equals(Keys.Left))        //按下【←】键
{
  if(!directionLeft)                        //如果鱼头向右
  {
    pictureBox2.Image.RotateFlip(RotateFlipType.RotateNoneFlipX);
    directionLeft=true;                     //转向后鱼头向左
  }
  pictureBox2.Location=new Point(pictureBox2.Location.X-5,
                          pictureBox2. Location.Y);
}
else if(e.KeyCode.Equals(Keys.Right))       //按下向右键
{
  if(directionLeft)                         //如果鱼头向左
  {
    pictureBox2.Image.RotateFlip(RotateFlipType.RotateNoneFlipX);
    directionLeft=false;                    //转向后鱼头向右
  }
  pictureBox2.Location=new Point(pictureBox2.Location.X+5,
                          pictureBox2. Location.Y);
}
}
```

编程分析：注意鱼的方向变量定义在 KeyDown 方法之外，是一个全局变量。本例中定义的变量是一个 bool 型变量，true 表示左，false 表示右。也可以定义为一个整型变量，用 1 表示左，用 2 表示右。使用逻辑值作为选择条件的常用方法为：if (directionLeft)、if (!directionLeft)，这样的用法含义分别和 if (directionLeft==true)、if (directionLeft==false)相同，但更加简捷高效。

上面的代码虽然可以用单个按键控制小鱼游动，但是当同时按多个键时，控制功能不能实现。例如同时按住【↑】和【→】键时，希望小鱼向右上方游动时，小鱼仅能向一个方向游动。下面的例子将实现多键同时控制小鱼的功能。

【例 9.5】在上例的基础上实现多键控制小鱼，使小鱼可以斜向游动。例如：同时按【↑】和【→】键时，小鱼向右上方游动。

编程分析：每当有按键事件发生时，都会调用 private void Form1_KeyDown(object sender, KeyEventArgs e){.....}方法。在该方法中，通过键盘事件对象 e 的 KeyCode 属性的值（即 e.KeyCode）来判断按了哪个键，从而做出正确的响应。但是该属性值只能保存一个按键值，所以不能同时响应多个按键。可以通过定义变量来记录按键状态的方式，在 KeyDown 事件中，通过按键状态变量的值，来移动小鱼对象。例如：定义布尔型全局变量 isKeyDownUp 保存【↑】键的按键状态，初始值为 false，表示未按键。当按【↑】键时，isKeyDownUp 的值设置为 true。当释放【↑】键时，其值重新设置为 false。只要按【↑】键不释放，其对应的按键状态变量 isKeyDownUp 值将始终为 true。在 KeyDown 事件中可以不再通过 e.KeyCode 决定鱼的游动方向，而是通过判断 isKeyDownUp 的值决定鱼是否朝上方游动。这样，无论按了什么键或者几个键，只要 isKeyDownUp 的值为 true，鱼就一定要向上移动。从而实现同时对多个按键的正确响应。

在上例的基础上，改进和增加代码如下：

```
//定义全局变量保存按键状态
bool isKeyDownUp=false;
bool isKeyDownDown=false;
bool isKeyDownLeft=false;
bool isKeyDownRight=false;
//在 KeyDown 事件中设置按键状态变量的值并根据该值移动小鱼
private void Form1_KeyDown(object sender,KeyEventArgs e)
{
    if(e.KeyCode==Keys.Up)
        isKeyDownUp=true;              //设置按键状态值，保留按键状态
    if(e.KeyCode==Keys.Down)
        isKeyDownDown=true;            //设置按键状态值，保留按键状态
    if(e.KeyCode==Keys.Left)
        isKeyDownLeft=true;            //设置按键状态值，保留按键状态
    if(e.KeyCode==Keys.Right)
        isKeyDownRight=true;           //设置按键状态值，保留按键状态
    if(isKeyDownUp)                    //向上键被按下
        pictureBox2.Location=newPoint(pictureBox2.Location.X,
                            pictureBox2. Location.Y-5);
    if(isKeyDownDown)                  //向下键被按下
        pictureBox2.Location=new Point(pictureBox2.Location.X,
                            pictureBox2. Location.Y+5);
    if(isKeyDownLeft)                  //向左键被按下
    {
        if(!directionLeft)            //如果鱼头向右
        {
            pictureBox2.Image.RotateFlip(RotateFlipType.RotateNoneFlipX);
            directionLeft=true;  //转向后鱼头向左
        }
        pictureBox2.Location=newPoint(pictureBox2.Location.X-5,
                            pictureBox2. Location.Y);
    }
    if(isKeyDownRight)                 //向右键被按下
    {
        if(directionLeft)             //如果鱼头向左
        {
            pictureBox2.Image.RotateFlip(RotateFlipType.RotateNoneFlipX);
            directionLeft=false; //转向后鱼头向右
        }
        pictureBox2.Location=new Point(pictureBox2.Location.X+5,
                            pictureBox2. Location.Y);
    }
}
```

```
//在 KeyUp 事件中要根据释放的按键值，恢复相应的按键状态为未按下状态
private void Form1_KeyUp(object sender,KeyEventArgs e)
{
    if(e.KeyCode==Keys.Up)
        isKeyDownUp=false;
    else if(e.KeyCode==Keys.Down)
        isKeyDownDown=false;
    else if(e.KeyCode==Keys.Left)
        isKeyDownLeft=false;
    else if(e.KeyCode==Keys.Right)
        isKeyDownRight=false;
}
```

代码分析：由于每次按键事件中都要判断 4 个按键状态的值是否为 true，因此，KeyDown 事件中需要用 4 个独立的单分支 if 语句，分别判断 4 个按键状态。无论按多少个键，只要有按键状态变量为 true，就需要相应地移动小鱼对象，解决多按键响应问题。读者也可以查找其他解决多按键响应的方法。在 KeyUp 事件中要及时将释放的按键对应的变量值恢复为 false，即未按状态。由于 KeyUp 每次只能响应一个按键，因此采用了多分支结构。可思考 KeyUp 中将多分支替换为 4 个单分支结构，是否能实现预期功能？之间的差别是什么？

思考：用【A】、【S】、【D】、【W】键控制一架战机向左、下、右、上运动。

9.3　碰撞检测：大鱼吃小鱼

碰撞检测在游戏类程序设计中非常常用。碰撞检测即检测两个控件对象之间是否有位置重叠。当检测到位置重叠（即碰撞）时，可根据程序功能需要进行下一步处理。例如：当检测到"子弹"对象和"敌方坦克"碰撞时，需要减去敌方坦克生命值，当生命值小于零的时候使敌方坦克消失；在大鱼吃小鱼游戏中，当大鱼和小鱼碰撞时，使小鱼消失，并统计得分。根据应用场景的不同，常见的碰撞检测方法有矩形检测、圆形检测、像素检测、地图格子划分检测等。本部分介绍简单的矩形碰撞检测，这种方法适用于检测对象为矩形或者虽然不是矩形，但是碰撞精度要求不高的情况。

【例 9.6】在例 9.5 的基础上实现用键盘控制大鱼去吃掉随机游动的小鱼，被吃掉的小鱼消失。

编程分析：本部分案例通过 PictureBox 控件的 Image 属性显示小鱼，两条鱼是否碰撞，本质上是两个 PictureBox 控件所占的矩形区域是否碰撞。两个矩形区域 A 和 B 是否碰撞的判断条件是：矩形 A 四个顶点至少有一个出现在矩形 B 的区域内。因此，可以依次判断矩形 A 的 4 个顶点是否在矩形 B 区域内。Visual Studio 默认坐标系下，矩形 A 某一顶点在矩形 B 区域内的情况如图 9-4 所示。判断点 p 是否在矩形 rec 区域内的判断条件为：点 p 的 X 轴坐标 p.X 在[rec.Location.X, rec.Location.X + rec.Width]之间，并且点 p 的 Y 轴坐标 p.Y 在 [rec.Location.Y, rec.Location.Y + rec.Height]之间。可自定义一个方法（函数），实现功能：判

断一个点是否在矩形区域出现。调用该自定义方法 4 次，依次判断矩形 A 的 4 个顶点中，是否至少有一个顶点在矩形 B 区域内，即可实现矩形 A 与矩形 B 是否碰撞的判断。

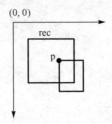

图 9-4　矩形 A 某一顶点在矩形 B 区域内的情况

在上例的基础上，改进和增加代码如下：

```
//增加自定义方法 IsPointInRectangle 判断点是否在矩形区域内
private bool IsPointInRectangle(Rectangle rec,Point p)
{
    if(p.X>rec.Location.X && p.X<rec.Location.X+rec.Width
        && p.Y>rec.Location.Y && p.Y<rec.Location.Y+rec.Height)
    return true;
    else
        return false;
}
//新增自定义方法 Collision 判断两个 PictureBox 是否碰撞
private bool Collision(PictureBox pic1,PictureBox pic2)
{
    Point leftTop=new Point(pic1.Location.X,pic1.Location.Y);
    Point rightTop=new Point(pic1.Location.X+pic1.Width,pic1.Location.Y);
    Point leftDown=new Point(pic1.Location.X,pic1.Location.Y+pic1.Height);
    Point rightDown=new Point(pic1.Location.X+pic1.Width,pic1.Location.Y
+pic1.Height);
    Rectangle pic2Rec=new Rectangle(pic2.Location,new Size(pic2.Width,
pic2.Height));
    if(IsPointInRectangle(pic2Rec,leftTop)
            ||IsPointInRectangle(pic2Rec, rightTop)
                ||IsPointInRectangle(pic2Rec,leftDown)
                    ||IsPointInRectangle(pic2Rec, rightDown))
    return true;
    else
        return false;
}
```

修改 KeyDown 事件代码，增加代码，当每次小鱼移动后判断是否有碰撞发生：

```
private void Form1_KeyDown(object sender,KeyEventArgs e)
{
    //此处省略上例中原有代码。在原有代码后新增代码如下
    if(Collision(pictureBox1,pictureBox2))//碰撞发生
        pictureBox1.Dispose();//释放 pictureBox1，小鱼消失
}
```

编程分析：通过编写自定义方法 IsPointInRectangle、Collision，可以使程序更加简洁，可读性更强。Collision 方法判断两个矩形 pic1、pic2 是否碰撞。首先得到 pic1 矩形的 4 个顶点坐标，然后调用 IsPointInRectangle 方法 4 次，判断 pic1、pic2 是否碰撞。如果碰撞，则调用 PictureBox 类对象的 Dispose 方法，释放 PictureBox 类对象。

以上思路通过自定义方法的方式，解决了判断两个矩形区域是否碰撞的问题。这种分析和解决问题的思路可供参考。事实上，判断两个矩形区域是否碰撞这一常规问题在 Visual Studio 中已有解决方案。通过 Rectangle 类的 IntersectsWith 方法可以很方便地判断两个矩形区域是否相交（Intersect），即碰撞。上述判断两个 PictureBox 类对象碰撞的实现代码如下：

```
//首先得到 PictureBox1 和 PictureBox2 相对应的矩形区域 rec1 和 rec2
Rectangle rec1=new Rectangle(pictureBox1.Location,pictureBox1.Size);
Rectangle rec2=new Rectangle(pictureBox2.Location,pictureBox2.Size);
if(rec1.IntersectsWith(rec2))//如果相交，碰撞
    pictureBox1.Dispose();
```

通过自定义方法和 Visual Studio 中已有方法的对比，显然，通过 Visual Studio 中提供的方法可以更方便可靠地实现功能。Visual Studio 中已经实现了大量的常用类，每个类中都有很多常用、好用的方法。这些类、方法需要在学习和大量练习基础上掌握和巩固。在很大程度上，编程水平、效率的高低由类和方法掌握的多少及掌握的熟练程度所决定。

思考：本例中当碰撞发生后，仅实现了小鱼消失功能，效果单调。请查阅资料，尝试增加吃鱼时的声音效果和动画效果。

9.4　多个对象生成：生成多条小鱼

在游戏编程中，经常需要产生大量相似的对象。例如：坦克大战中需要产生大量的敌方"坦克"对象；太空战机中需要产生大量的敌方"战机"对象。在例 9.1 中，产生一条小鱼，可以在窗体设计环境中通过新增一个 PictureBox 控件对象实现。但是，如果要产生很多条小鱼，例如 100 条，在窗体设计环境中新增 PictureBox 控件对象的方法实现就很困难。本小节介绍一种通过代码产生多个对象的方法。

【例 9.7】在例 9.6 的基础上，生成 100 条与 pictureBox1 相似的小鱼，在海底来回游动。

编程分析：在窗体设计环境中，通过单击工具箱中的 PictureBox 控件，在窗体中新增一个 PictureBox 控件对象，该动作本质上是调用 PictureBox 类产生一个对象。该动作将会自动在 form1.Designer.cs 文件中生成产生 PictureBox 类对象时生成的代码，其中包括以下 3 行：

```
private System.Windows.Forms.PictureBox pictureBox1;
this.pictureBox1=new System.Windows.Forms.PictureBox();
this.Controls.Add(this.pictureBox1);
```

不考虑类的层次关系，前两行代码可简化为：

```
PictureBox pictureBox1;          //调用 PictureBox 类定义一个对象 pictureBox1
pictureBox1=new PictureBox();   //通过默认构造函数创建对象
```

以上两条语句经常合起来写为：

```
PictureBox pictureBox1=new PictureBox();
```

this.Controls.Add(this.pictureBox1);语句通过 Controls 控件类的 Add 方法，将 pictureBox1 对象添加到窗体中，窗体运行时 pictureBox1 将显示在窗体中。

参考以上生成控件的代码，若需要 100 个 PictureBox 类对象，只需循环执行这三行语句 100 次即可。具体而言，可以定义数组长度为 100 的 PictureBox 类数组，来保存这 100 个对象。在窗体 Load 方法中，可通过循环执行上面 3 行代码创建生成这 100 个对象，并将它们添加到窗体中。由于 Load 事件的触发会先于窗体显示，因此，窗体运行时将会显示这些对象。

最后，在计时器触发事件 timer1_Tick 中添加代码，使这些新增小鱼游动起来即可。

编程实现：

```
//定义全局变量，保存多个 PictureBox 对象以及各对象的速度
PictureBox[] picBox=new PictureBox[100];//创建 PictureBox 对象数组
int[] picSpeedX=new int[100];       //创建数组，保存每个 PictureBox 对象的速度
Random ran=new Random();            //用于使小鱼位置、大小为随机值
//在 Load 方法中，通过循环依次创建多个对象，并设置对象背景、大小等属性
private void Form1_Load(object sender,EventArgs e)
{    //原有代码省略，新增代码如下
    for(int i=0;i<100;i++)
    {
        picBox[i]=new PictureBox();             //创建数组元素
        picBox[i].Location=new Point(ran.Next(10,Width),ran.Next(10,Height));
                                                //位置随机
        picBox[i].Size=new Size(ran.Next(60,130),ran.Next(30,70));
                                                //鱼的大小随机
        picBox[i].Image=Image.FromFile(@"c:\D\fish1.png");
                                                //设置 image 属性
        picBox[i].SizeMode=PictureBoxSizeMode.StretchImage;
                                                //设置图片拉伸
        picBox[i].BackColor=Color.Transparent; //设置背景透明
        this.Controls.Add(picBox[i]);           //将控件对象添加到窗体中
        picSpeedX[i]=2;                         //设置对象初始速度
    }
}
//在计时器触发事件 timer1_Tick 中添加代码，使新增小鱼来回游动
private void timer1_Tick(object sender,EventArgs e)
{
    for(int i=0;i<100;i++)
    {
        picBox[i].Location=new Point(picBox[i].Location.X
                        +picSpeedX[i], picBox[i].Location.Y);
        if(picBox[i].Location.X>this.ClientRectangle.Width+100)
                                                //超出右边界
        {
            picSpeedX[i]=-2;                    //速度为负值，向左游
```

```
            picBox[i].Image.RotateFlip(RotateFlipType.RotateNoneFlipX);
                                                //小鱼转向
            picBox[i].Location=new Point(picBox[i].Location.X,
                    ran.Next(30, Height-30));   //转向后 Y 轴位置随机
        }
        else if(picBox[i].Location.X<-200)      //超出左边界
        {
            picSpeedX[i]=2;                      //速度为正值，向右游
            picBox[i].Image.RotateFlip(RotateFlipType.RotateNoneFlipX);
                                                //小鱼转向
            picBox[i].Location=new Point(picBox[i].Location.X,
                    ran.Next(30, Height-30));
        }
    }
}
```

代码分析：this.Controls.Add(picBox[i]);语句将新的对象添加到窗体中。this 即指本窗体控件 form1 自身。由于本段代码就是 form1 中的一部分，因此 this 也可以省略，直接使用 Controls.Add(picBox[i]);亦可。类似地，this.Height 也可以写作 Height。

9.5　鼠标事件及计时、计分：拍飞虫

在 Windows 图形界面交互式游戏中，鼠标操作是常用的用户行为。C#中提供了多种常见的鼠标事件，可以方便地处理用户鼠标操作。常用的鼠标事件有 MouseDown、MouseUp、MouseMove、MouseEnter、MouseLeave 等。

MouseDown 事件：当鼠标位于对象上方，并按下鼠标按键时触发。

MouseUp 事件：当鼠标位于对象上方，并释放鼠标按键时触发。

MouseMove 事件：当鼠标移过对象上方时触发。

MouseEnter 事件：当鼠标进入对象上方时触发。

MouseLeave 事件：当鼠标离开对象上方时触发。

这些常用鼠标事件的触发条件各不相同。例如，若希望鼠标移动至某控件对象上方区域时该对象背景颜色加深，以示强调，则编写 MouseEnter 事件对应的代码，即可实现功能。本部分以 MouseDown 为例，介绍鼠标事件的处理，以及游戏中的计时、计分等功能的显示。

【例 9.8】编程实现拍飞虫游戏，如图 9-5 所示。游戏功能：随机出现 10 只飞虫，随机飞行；鼠标单击飞虫，则苍蝇拍直接运动到鼠标单击位置；若拍子和飞虫碰撞，则飞虫消失，计分值增加 1 分；游戏开始后，倒计时 60 秒，游戏结束。

编程分析：飞虫随机出现、随机飞行可参考例 9.7。

单击鼠标功能实现可由窗体的 MouseDown 事件处理。MouseDown 事件对应的方法为：private void Form1_MouseDown(object sender, MouseEventArgs e){...}。该方法第二个参数为鼠标事件参数对象 e，通过对象 e 的 Location 属性可以得到鼠标单击的位置。在 MouseDown 事件

155

中使拍子的中心位于 e.Location 位置，即可模拟拍子移动打飞虫的效果。然后，通过判断拍子是否和飞虫碰撞，判断是否得分。

图 9-5 拍飞虫游戏界面

计时和计分的显示可通过标签 Label 控件对象实现。通过设置 Label 控件的 Text 属性，即可控制 Label 显示内容。计时和计分的值会随着程序的运行而不断变化，因此，需要定义两个全局变量保存这两个值。使用这两个变量值来设置对应的计时和计分标签 Label 对象的 Text 属性，即可实现计时、计分的显示功能。

新建窗体应用程序项目，在窗体设计器环境中，新增组件 Timer 类对象 timer1，用于控制飞虫飞行，移动飞虫位置；新增组件 Timer 类对象 timer2，用于控制倒计时；新增标签控件对象 Label1、Label2，分别用于显示计时、计分值；增加标签控件对象 Label3、Label4 分别在计时和计分值前显示"计时："、"计分："字样。新增 PictureBox 类控件对象 pictureBox1，显示苍蝇拍。

编写代码如下：

```
//定义全局变量，保存相关值
PictureBox[] picBox=new PictureBox[10];//创建PictureBox对象数组，保存多个飞虫
int picSpeed=20;              //设置所有飞虫飞行速度
int timeCount=60;            //倒计时计数器触发60次
int score=0;                 //计分
Random ran=new Random();     //用于使飞虫位置、大小为随机值
//在窗体Load事件中设置、启动计数器；产生飞虫
private void Form1_Load(object sender,EventArgs e)
{
    timer1.Interval=10;
    timer1.Start();
    timer2.Interval=1000;
    timer2.Start();
    for(int i=0;i<10;i++)
    {
        picBox[i]=new PictureBox();
```

```
        picBox[i].Location=new Point(ran.Next(10,Width),ran.Next(10,Height));
                                                            //位置随机
        picBox[i].Size=new Size(ran.Next(30,50),ran.Next(30,50));
                                                            //大小随机
        picBox[i].Image=Image.FromFile(@"c:\D\flys.png");
        picBox[i].SizeMode=PictureBoxSizeMode.StretchImage;
        picBox[i].BackColor=Color.Transparent;
        picBox[i].Enabled=false;
        this.Controls.Add(picBox[i]);
    }
}
//timer1 计时器对象触发时，使飞虫飞行，飞行轨迹随机
private void timer1_Tick(object sender,EventArgs e)
{
    for(int i=0;i<10;i++)
      picBox[i].Location=new Point(
              picBox[i].Location.X+(ran.Next(1,3)==1?-1:1)*picSpeed,
              picBox[i].Location.Y+(ran.Next(1,3)==1?-1:1)*picSpeed);
}
//timer2 计时器对象触发时，实现倒计时功能
private void timer2_Tick(object sender,EventArgs e)
{
    timeCount--;                                       //计时器减 1
    label1.Text=Convert.ToString(timeCount);          //显示计时器值
    if(timeCount==0)                                   //倒计时结束，时间到
    {
        MessageBox.Show("Game Over");
        this.Close();
    }
}
//实现单击鼠标打飞虫功能：移动拍子、判断打中、计分显示
private void Form1_MouseDown(object sender,MouseEventArgs e)
{
    pictureBox1.Location=new Point(e.Location.X-pictureBox1.Width/2,
              e.Location.Y-pictureBox1.Height/2); //使拍子中心移动到鼠标位置
    for(int i=0;i<10;i++)
    {
      Rectangle rec1=new Rectangle(pictureBox1.Location,pictureBox1.Size);
      Rectangle rec2=new Rectangle(picBox[i].Location,picBox[i].Size);
      if(rec1.IntersectsWith(rec2))                   //如果相交，碰撞
      {
        score++;                                       //计分值加 1
        label2.Text=Convert.ToString(score);   //显示计分值
```

```
            picBox[i].Dispose();                    //清除飞虫
        }
    }
}
```

编程分析：Timer 类对象的 Interval 属性单位为 ms。因此，timer1 对象 interval 属性设置为 1 000 ms，即以秒为单位进行倒计时。timeCount 初始值设置为 60，即倒计时 60 秒。

在生成飞虫并设置飞虫对应的 PictureBox 类对象的属性时，picBox[i].Enabled = false;语句设置 Enaled 属性值为 false，该语句使 PictureBox 类对象不响应鼠标单击事件。若 Enaled 属性设置为 true，则当鼠标点中飞虫时，由于飞虫的 PictureBox 对象处于 Form1 对象上面的一层，此时点中的是 PictureBox 类对象，而不是窗体对象 Form1。因此，Form1_MouseDown 事件不会发生，自然不会消除飞虫并计分。

在 timer1_Tick 事件中，计算飞虫飞行轨迹中使用了条件表达式：ran.Next(1, 3) == 1 ? –1 : 1。由于 ran.Next(1, 3)产生的随机数只能是 1 和 2，所以随机生成 1 和 2 的概率各占 50%。因此条件表达式：ran.Next(1, 3) == 1 ? –1 : 1 的值为–1、1 的概率也各为 50%，从而保证飞虫在 X 轴方向向左向右、Y 轴方向向上向下飞行是随机的，并且概率相同。

在显示计时、计分值时，由于 Label 类对象的 Text 属性是 string 值，因此需要将计时、计分数值转换为 string 类型，才可以显示。

思考：

① 本例存在 bug。当倒计时时间为 0 时，弹出对话框后，窗体上显示的时间值依然减小，减为负值。完善程序，使倒计时时间为 0 后，不再减小。

② 增加功能，使飞虫飞出边界后立即重新显示在屏幕中随机位置。

③ 在屏幕上增加显示击打命中率。每次单击后，计算并显示打中的成功率。

习题

1. 植物大战僵尸中土豆地雷功能模拟。在窗体中放置一个土豆地雷。1 秒后土豆地雷长大，具有杀伤力。在窗体右侧随机位置产生一个僵尸，向左移动。用键盘控制移动土豆地雷至僵尸前进路线上。当僵尸和无杀伤力的土豆地雷碰撞时，土豆地雷被吃掉；当僵尸和具有杀伤力的土豆地雷碰撞时，爆炸发生，产生爆炸效果，计分，同时两者消失。

2. 植物大战僵尸中豌豆射手功能模拟。在窗体中放置一个豌豆射手，豌豆射手有 5 颗子弹，按 J 键可发射子弹；豌豆射手只可在垂直方向移动，鼠标单击可使豌豆射手移动到鼠标单击位置。若鼠标单击超出了豌豆射手垂直方向，则不移动。在窗体右边界随机位置产生 5 个僵尸，并向屏幕左侧移动。用鼠标控制豌豆射手移动，用 J 键控制豌豆射手发射子弹消灭僵尸。消灭一个僵尸计 1 分并在屏幕中显示。

第 ⑩ 章
自 定 义 类

前面的学习中使用的类，包括 Form、Textbox、Button、Convert 等类，都是系统定义好的类。在程序开发中，也经常需要根据开发需求，自己定义类。一方面本章将介绍自定义类的相关知识。另一方面，其实系统类和自定义类定义采用的方法与技术完全相同。希望通过本章的介绍，使读者对系统类、面向对象等概念有更深入地理解。

C#使用关键字 class 来定义类，类定义语句格式为：

```
[访问修饰符] class 类名
{
    //类成员的定义
}
```

其中，访问修饰符控制类的可访问区域。访问修饰符有 internal 和 public。

internal：指定类为内部的，即只有在当前项目中才能访问它。当定义类时没有明确指定访问修饰符时，默认该类为 internal 类型。

public：指定类为公共类，即该类可以被其他项目所自由访问。

由一对大括号括起来的部分是类的主体，类的成员在这一部分定义。类的成员包括字段、方法、属性等。所有的类成员都有自己的访问级别，通过访问修饰符可以指定类成员的访问级别。定义类成员时可使用的访问修饰符有：

public：指定公共成员，该成员可以被任何代码自由访问。

protected：指定保护成员，该成员可以在定义它的类和从定义它的类派生出的类中被访问。

internal：指定内部成员，该成员可以在同一程序集（项目）中被使用。

private：指定私有成员，该成员只能在定义它的类中访问。当定义成员访问修饰符缺省时，默认访问修饰符为 private。

10.1 类成员的定义

10.1.1 字段的定义

字段是在类中定义的成员变量，用来保存描述类特征的值。字段可以被类中定义的方法访问，通常通过类的实例访问字段成员，访问形式为：类对象.字段变量。

【例 10.1】建立控制台应用程序项目，在 Program.cs 中定义 Student 类。编写如下代码：

```
namespace ConsoleApplication1
{
```

```
class Program
{
    static void Main(string[] args)
    {
     Student s1=new Student();
        s1.stuID="20180016";
        Console.WriteLine("学生 s1 的学号为: { 0}",s1.stuID.;
    }
}
class Student
{
    string stuID;
    string stuName;
    float scoreMath;
    float scorePhy;
    float scoreChem;
}
}
```

代码分析: 这段代码定义了一个名为 Student 的类。注意 Student 类的定义和控制台项目中自动生成类 Program 是并列关系。Student 类的访问类型为默认 internal 类型, 只能在本项目中访问。Student 类中定义了 5 个字段成员, 它们的访问类型都是默认类型 private, 只能在本类中访问。Student 类用来描述抽象学生实体集, 5 个字段成员用于描述学生的特征, 字符串变量 stuID 和 stuName 分别表示学生的学号和姓名, float 型变量 scoreMath、scorePhy 和 scoreChem 分别表示学生的数学、物理、化学成绩。

分析这段代码, 可以看到, 在 Program 类的 Main 方法中, 通过语句 Student s1=new Student(); 调用了自定义类 Student, 并创建了 Student 类对象 s1。通过 s1.stuID(类对象.字段变量)的方式访问了 stuID 字段变量, 并为该字段变量赋值 20180016。最后通过 Console 类的 WriteLine 方法输出了 s1 对象的 stuID 字段值。

但运行程序会发现: 结果会出现运行错误。错误列表中会提示 "s1.stuID 不可访问, 因为它具有一定的访问级别。" 因为 stuID 字段的访问级别默认为 pirvate, 所以只能在 Student 类中访问, 在 program 类中 (Student 类之外) 不可访问, 因此程序运行会报错。将 stuID 字段的定义修改为: public string stuID;或 internal string stuID;, 程序即可正常运行, 输出学生学号。

10.1.2 方法的定义

类的方法成员可以视为类中定义的函数。通过在类中定义方法, 可以实现类相关的计算和操作功能。

【例 10.2】新建控制台应用程序, 在 Program.cs 中编写代码如下:

```
namespace ConsoleApplication1
{
    class Program
    {
    static void Main(string[] args)
```

```
        {
            Student s1=new Student();
            s1.scoreMath=87;
            s1.scorePhy=97;
            s1.scoreChem=92;
            Console.WriteLine("学生 s1 的平均成绩为: {0}",s1.AvgScore());
        }
    }
    class Student
    {
        public string stuID;
        public string stuName;
        public float scoreMath;
        public float scorePhy;
        public float scoreChem;
        public float AvgScore()
        {
            return(scoreMath+scorePhy+scoreChem)/3;
        }
    }
}
```

程序运行结果为:

学生 s1 的平均成绩为: 92

本例中在 Student 类中定义了一个公共方法 AvgScore 用于计算学生平均成绩。该方法访问类型为 public 型公共方法,可以自由访问。因此可以在 Program 类中使用该方法,输出学生平均成绩。

10.1.3　属性的定义

如例 10.2 中所示,将字段访问类型定义为 public,则在类的外部可以随意访问这些字段。若将此例 Main 方法中的代码 s1.scoreMath = 87;修改为 s1.scoreMath = 187;,程序依然可以正常运行。但 scoreMath 代表数学成绩,成绩的正常取值范围应在 0～100 之间,187 显然是一个不合法的值。因此,为了避免在类的外部随意访问字段,在类定义时,通常将字段设置为 private 类型。要在类的外部访问 private 类型字段,可以通过 public 型属性来访问。

属性声明的基本形式如下:

```
[访问修饰符] [类型] [属性名]
{
    get{}    //get 访问器
    set{}    //set 访问器
}
```

定义属性成员时,同样可以通过访问修饰符指定属性的访问类型。属性定义需要指定属性的数据类型和属性名,属性类型通常和要访问的私有字段类型一致。属性中包含两个块:

get 块常用于获取私有字段的值，set 块用于设置私有字段的值。

在 C#中定义类时，通常把描述类的特征的字段设置为 private 类型，同时定义一个 public 类型的属性，通过属性的 get 和 set 访问器，访问 private 类型的字段，从而实现对私有字段的保护。属性其实就是外界访问私有字段的入口，属性本身不保存任何数据，在对属性赋值和读取的时候其实操作的就是对应私有字段。当读取属性值的时候，会调用属性中的 get 块，在 get 块中得到和属性对应的字段值并返回该值。当设置属性值时，会调用属性中的 set 块，通过 set 块中的 value 值设置对应的字段值。访问属性和访问字段的方式是一样的，即：类对象名.属性名。

【例 10.3】属性的定义和访问。新建控制台应用程序，在 Program.cs 中编写如下代码：

```csharp
namespace ConsoleApplication1
{
    class Program
    {
        static void Main(string[] args)
        {
            Student s1=new Student();
            s1.scoreMath=187;
            Console.WriteLine("s1 的数学成绩为: {0}",s1.scoreMath);
            s1.scoreMath=87;
            Console.WriteLine("s1 的数学成绩为: {0}",s1.scoreMath);
        }
    }
    class Student
    {
        string StuID;
        string StuName;
        float ScoreMath;
        public float scoreMath
        {
            get{return ScoreMath;}
            set
            {
                if(value>=0&&value<=100)
                    ScoreMath=value;
            }
        }
    }
}
```

运行程序，结果为：

```
s1 的数学成绩为: 0
s1 的数学成绩为: 87
```

代码分析：在自定义类 Student 中定义了私有字段 ScoreMath，相应地定义了共有属性 scoreMath。字段名和属性名通常命名相近，本例中字段首字母大写（ScoreMath），属性名首字母小写（scoreMath）。通过 get 访问器，可以得到私有字段 ScoreMath 的值。通过 set 访问器，可以控制私有字段 ScoreMath 的值只能设置为 0～100 之间。

通过类对象.属性的方式引用属性，如 s1.scoreMath=187;，此语句设置属性值，将调用 set 访问器，value 值即为将要设置的值，本语句中为 187，该值不满足条件大于 0 并且小于 100。因此，不能通过 set 访问器设置字段 ScoreMath 的值，即私有字段 ScoreMath 得到了保护，不可设置为不合法值。此时，当下一条语句在控制台中输出 s1.scoreMath 时，要通过属性 scoreMath 的 get 访问器，访问得到字段 ScoreMath 的值，此时只能得到字段 ScoreMath 的默认值 0。而通过语句 s1.scoreMath = 87;设置属性值时，value 值为 87，则可以通过 set 访问器设置字段 ScoreMath 的值为 87。此时输出属性 s1.scoreMath，将通过调用 get 访问器，得到设置后的字段 ScoreMath 值 87。

get 访问器可视为一个具有返回值的方法，该返回值类型和属性类型一致，必须用 return 语句来返回。本例中返回值为 float 型。set 访问器可视为一个返回值为 void 类型、无参数（或具有隐含参数 value）的方法。如：s1.scoreMath = 87;将调用 set 方法，参数为隐含参数 value，值为 87。

在定义属性时，get 和 set 访问器可以同时出现，也可以只有一个。当只有 get 访问器时，表示对应字段为只读字段；当只有 set 访问器时，表示对应字段为只写字段。当 get 和 set 访问器都有时，表示对应字段为可读/可写字段。

定义 get 和 set 访问器时，也可以通过访问修饰符 public、protected 等对 get 和 set 访问器的访问级别进行限制。

10.1.4 构造函数和析构函数

构造函数和析构函数是类的两个特殊方法成员。

1. 构造函数

构造函数主要用于创建类的对象，构造函数总是与 new 运算符一起使用，完成对象的创建。构造函数的名称和类名相同。每个类中都会至少有一个构造函数。如果自定义类中没有定义任何的构造函数，系统会自动创建一个无参默认构造函数。通过默认构造函数创建对象时，未赋值的字段将设置为默认值，如字符串赋值为 null，数值数据赋值为 0，bool 型数据为 false。

例如，例 10.3 中 Main 方法中的语句 Student s1=new Student();，即调用默认构造函数 Student()创建了 Student 类的一个对象 s1。而在 Student 类的定义中，并没有该构造函数的定义，该构造函数是系统自动创建的无参构造函数，构造函数的函数名称即为类名称 Student。

用户也可以在类中定义构造函数，并且可以根据需要定义多个构造函数。当定义多个构造函数时，所有构造函数的名称都和类名称相同，但各构造函数的参数个数或类型必须各不相同。当调用构造函数创建对象时，会根据调用构造函数时给定的参数自动匹配相应的构造函数。这就是函数重载的概念。

构造函数没有返回值，也不能用 void 修饰。构造函数定义时可以通过访问修饰符，限制构造函数的访问级别。

【例 10.4】构造函数的定义和调用。新建控制台应用程序，在 Program.cs 中编写如下代码：

```
namespace ConsoleApplication1
{
    class Program
    {
        static void Main(string[] args)
        {
            Animal animal1=new Animal();
            animal1.name="兔子";
            animal1.color="灰色";
            animal1.speed=40;
            Console.WriteLine("{0}的{1}奔跑速度为{2}Km/h",animal1.color,
                    animal1.name,animal1.speed);
            Animal animal2=new Animal("鬣狗","褐色");
            Console.WriteLine("{0}的{1}在后面穷追不舍",animal2.color,
                    animal2.name);
            Animal animal3=new Animal("猎豹","棕色",80);
            Console.WriteLine("{0}的{1}在后面正以{2}km/h的速度快速接近它们",
                    animal3.color,animal3.name,animal3.speed);
            Console.ReadKey();
        }
    }
    class Animal
    {
        public Animal(){}
        public Animal(string name,string color)
        {
            this.Name=name;
            this.Color=color;
        }
        public Animal(string name,string color,int speed)
        {
            this.Name=name;
            this.Color=color;
            this.Speed=speed;
        }
        private string Name;
        public string name
        {
            get{return Name;}
            set{Name=value;}
        }
        private string Color;
        public string color
```

```
        {
            get{return Color;}
            set{Color=value;}
        }
        private int Speed;
        public int speed
        {
            get{return Speed;}
            set{Speed=value;}
        }
    }
}
```

代码分析：本例中定义了一个类 Animal，类中定义了私有字段 Name、Color、Speed，各字段相对应地定义了共有属性 name、color、speed，通过属性可在类的外部访问私有字段。注意本例中的属性仅简单地提供了访问私有字段的作用，并没有对私有字段的访问提供保护。由于字段和属性是不同的两个概念，这样编写代码也是有意义的。例如，在创建自定义控件时（见 10.4 节），定义的属性将会显示在控件"属性"窗口中，可通过可视化方式设置属性值，而字段不会显示在"属性"窗口中。

本例中定义了 3 个构造函数，分别为无参数、2 个参数和 3 个参数的构造函数。在 Animal 类的外部 Main 方法中，调用无参构造函数 Animal()创建了对象 animal1，其字段成员初始值为默认值，其后通过赋值语句通过属性为各字段赋初值"兔子"、"灰色"、40。创建对象 animal2 时，调用构造函数为：Animal("鬣狗"，"褐色")，函数有 2 个参数，将自动匹配 2 参数构造函数。因此，创建对象时将直接为字段 Name、Color 赋初始值"鬣狗"、"褐色"。再在 Console.WriteLine 方法中通过 color、name 属性输出 Name、Color 字段的值。创建对象 animal3 时，调用构造函数为：Animal("猎豹"，"棕色"，80)，将自动匹配 3 参数构造函数，将 animal3 对象的 Name、Color、Speed 字段设置为"猎豹"、"棕色"、80。再通过公共属性 name、color、speed 输出对应私有字段的值。

2. 析构函数

析构函数用于释放一个对象。.Net Framework 类库具有垃圾回收功能，当某个对象被认为不再有效，并符合析构条件时，垃圾回收功能就会调用该类的析构函数，做一些清理工作，释放对象所占用的资源。

每个类只能有一个析构函数，析构函数名称与类名相同，但是前面加一个波浪符～。通常，类的定义中无须定义析构函数。如果用户没有编写析构函数，编译系统会自动生成一个缺省的析构函数。

注意：析构函数是系统垃圾回收功能自动调用的，不能在代码中显示调用析构函数。当垃圾回收器分析代码并认为代码中不存在指向对象的可能路径时，系统会调用析构函数。

10.1.5　静态成员

类中的成员（如字段、属性、方法等）分为静态成员和非静态成员。当定义某个类成员时使用了 static 修饰符，则该类成员就会被声明为静态成员。

静态成员属于整个类，由类的所有实例对象共享，也称为共享成员。静态成员的引用方式为：类名.静态成员。例如 Console 类的 WriteLine 方法即为静态方法，需要采用 Console.WriteLine 的方式调用。在第 5 章函数部分，定义函数时必须有 static 修饰符，即是指定自定义函数为静态函数，静态函数才可以通过类引用，例如：

```
class Program
{
    static void Main(string[] args)
    {
        hello();
    }
    static void hello()
    {
        Console.WriteLine("hello");
    }
}
```

在这段代码中的 hello 方法为静态方法，可以通过 Program.hello()（类名.静态成员）的方式调用。由于代码本身就在 Program 类中，因此类名 Program 可以省略。若定义 hello 方法时没有 static 关键字修饰，则 hello 方法为非静态方法，不可通过上述方法调用。

非静态成员需要通过类的对象进行引用,非静态成员的引用方式为:类对象.非静态成员。因此，要使用非静态成员，必须先创建类的对象后，才能通过对象引用非静态成员。如例 10.4 中 Animal 类的 name 属性为非静态属性，引用该属性时必须先创建 Animal 类的对象，Animal animal1 = new Animal();语句即创建了一个对象 animal1，随后的 animal1.name = "兔子";语句即通过 Animal 对象引用非静态对象。

10.2　自定义类的引用

在本章前面自定义类的例子中，都是在定义类的项目中对自定义类进行引用的。根据应用程序开发的需求，也可以在定义类的项目之外对自定义的类进行引用，这样定义的类可以更方便地共享该类功能，为他人所使用。本部分主要讨论这种类的定义和引用。

10.2.1　创建类库项目

如果一个项目只包含类的定义，该项目就称为类库项目。类库项目通过编译将生成项目中定义相关类的 DLL 文件，即动态链接库文件（dynamic link library，DLL）。在其他项目中添加对类库项目生成的 DLL 文件的引用，即可引用在类库项目中定义类。

创建类库项目的步骤如下：

① 在 Visual Studio 2019 运行界面中，单击"文件"→"新建"→"项目"菜单项，在弹出的"创建新项目"界面中选择"类库（.NET Framework）"选项，如图 10-1 所示。单击"下一步"按钮，在弹出的项目设置窗口中设置项目名称、保存路径和解决方案名称。本例中设置项目名称为 MyClass，单击"创建"按钮。

图 10-1 "创建新项目"界面

② 在弹出的代码编辑界面中输入如下代码：

```csharp
namespace MyClass
{
    public class Animal
    {
        private string Name;
        public string name
        {
            get{return Name;}
            set{Name=value;}
        }
        private string Color;
        public string color
        {
            get{return Color;}
            set{Color=value;}
        }
        private int Speed;
        public int speed
        {
            get{return Speed;}
            set{Speed=value;}
        }
    }
    public class Plant
    {
        public string Name;
        public string name
```

```
        {
            get{return Name;}
            set{Name=value;}
        }
    }
}
```

③ 依次单击"生成"→"生成解决方案"菜单项，即可生成项目对应的 DLL 文件。生成结果如图 10-2 所示，表明了 DLL 文件的存储位置。

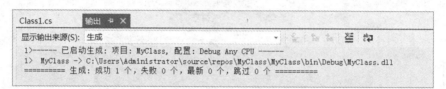

图 10-2　生成结果

代码分析：在本例所建的类库项目代码中，namespace MyClass 语句指明了本类库项目中定义的名称空间为 MyClass。在 MyClass 名称空间内，定义了两个类 Animal 和 Plant。定义类时默认的访问修饰符为 internal，即该类只能在本项目中使用。如要使 Animal 和 Plant 可在其他项目中使用，则定义时要用 public 修饰符，如本例所示。

10.2.2　在项目中引用已有类库

要在一个项目中引用已有类库，只需得到类库项目对应的 DLL 文件，将该 DLL 文件添加到项目中即可。具体引用过程如例 10.5 所示。

【例 10.5】类库的引用。

建立一个控制台应用程序项目，在"解决方案资源管理器"中右击项目名称，单击"添加"→"引用"菜单项，在弹出的"引用管理器"窗口中单击"浏览"按钮。在弹出的文件选择窗口中选择要添加的类库 DLL 文件，单击"添加"按钮，回到"引用管理器"窗口。在"引用管理器"窗口中单击"确定"按钮，即可将要使用的类库添加到本项目中。

要在代码编写中使用引用到本项目中的类库，只需用"using 名称空间;"语句引用 DLL 文件对应的名称空间即可。

例如，本例在"解决方案资源管理器"中添加了 10.2.1 节中创建的 MyClass.dll 引用后，可编写如下代码，使用 MyClass.dll 中创建的类：

```
using MyClass;
namespace ConsoleApplication1
{
    class Program
    {
        static void Main(string[] args)
        {
            Animal a1=new Animal();
            a1.name="老虎";
```

```
            Plant p1=new Plant();
            p1.name="松树";
            Console.WriteLine("创建的动物对象名为{0}，植物对象名为{1}",
                            a1.name,p1.name);
        }
    }
}
```

代码分析：通过 "using MyClass;" 语句引用自定义名称空间 MyClass 之后，就可以调用 MyClass 名称空间中定义的类 Animal 和 Plant。

10.3　类的继承

继承是面向对象编程的一个重要特性。任何类都可以从另一个类中继承，被继承的类称为父类（也称为基类），继承类称为子类（也称为派生类）。通过类的继承关系，新定义的派生类可以继承基类已有的特征，并且还可以在派生类中通过添加代码，使派生类具有新的特征和功能。通过类的继承，子类可简易地重用父类的代码，这样就可以避免很多代码重复，可有效提高程序开发效率。

在 C#中，继承有以下特点：

（1）派生类是对基类的扩展，派生类可以添加新的成员，但不能移除已经继承的成员的定义。

（2）继承是可以传递的。如果 C 从 B 中派生，B 又从 A 中派生，那么 C 不仅继承了 B 中声明的成员，同样也继承了 A 中声明的成员。

（3）派生类仅能直接继承一个基类。

【例 10.6】在例 10.5 建立的控制台应用程序基础上，扩展 Animal 类的功能，增加两个字段来描述动物的高度和重量。

编程分析：要扩展 Animal 类的功能，增加新字段，只需将 Animal 类作为基类，创建一个新的派生类即可实现。该控制台应用程序的最终代码如下：

```
using MyClass;
namespace ConsoleApplication1
{
    class Program
    {
        static void Main(string[] args)
        {
            MyAnimal a=new MyAnimal();
            a.name="马";
            a.speed=70;
            a.hight=180;
            a.weight=220;
```

继承一个类的语法为：

[访问修饰符]　class　子类名:父类名
{
　　//类成员的定义
}

```
            Console.WriteLine("{0}的高度为{1},体重为{2}Kg,奔跑速度为{3}Km/h",
a.name,a.hight,a.weight,a.speed);
            Console.ReadKey();
        }
    }
    class MyAnimal:Animal
    {
        public int hight;
        public int weight;
    }
}
```

代码分析：通过 using MyClass;语句，本例可引用 9.2.1 节中创建的 Animal 类，并以此作为基类生成新的派生类 MyAnimal，MyAnimal 类继承了基类 Animal 的成员，因此 MyAnimal 类对象 a 具有继承的数据成员 name、color、speed。同时通过扩展 Animal 类功能，a 对象具有 MyAnimal 类的新特征数据成员 height 和 weight。

【例 10.7】完善第 7 章中的实例，增加"保存"菜单的功能实现。

编程分析：在第 7 章创建多文档记事本案例中，新建的窗体类 ChildForm 本质上是从系统窗体类 Form 中继承而得到。可以通过修改 ChildForm 类代码，进一步扩展该类功能。

在 7.4.3 节中"保存"菜单的实现中，需要判断子窗体中打开的文件是否为未保存的新文件。如果是新文件，则单击"保存"菜单项时需要弹出"保存"对话框。如果是已经保存过的文件，或者子窗体中的文件是打开的已有文件，此时单击"保存"菜单项时只需直接保存文件即可，而无须弹出"保存"对话框。可以修改 ChildForm 类代码，扩展子窗体类的功能，增加一个私有字段 FileExistFlag 和相应的属性 fileExistFalg 来表示子窗体中文件是否在硬盘上已经存在。其初始值设置为 false。此后，当单击"保存"菜单项时，通过子窗体 fileExistFlag 属性值，可以判断是否需要弹出"保存"对话框。当无须弹出对话框时，说明该文件已经存在，需要有原文件的存储路径才可以保存文件内容，因此，还需要扩展子窗体类，增加一个私有字段 FileName 和相应的属性 fileName 用来表示和保存文件的存储路径。

首先，打开子窗体对应的代码文件，在 ChildForm 类中增加字段和属性如下：

```
private string FileName;          //保存文件文件名
public string fileName
{
    get{return FileName;}
    set{FileName=value;}
}
private bool FileExistFlag=false;  //保存打开的文件是否存在
public bool fileExistFlag
{
    get{return FileExistFlag;}
    set{FileExistFlag=value;}
}
```

编辑"保存"菜单对应的代码如下：

```
private void 保存ToolStripMenuItem_Click(object sender,EventArgs e)
{
    ChildForm chdFrm=(ChildForm)this.ActiveMdiChild;
    if(chdFrm.fileExistFlag)              //文件已存在
      chdFrm.richTextBox1.SaveFile(chdFrm.fileName,
                     RichTextBoxStreamType.RichText);
    else                                  //文件不存在
    {
      SaveFileDialog sFD=new SaveFileDialog();
      if(sFD.ShowDialog()==DialogResult.OK)
      {
         chdFrm.richTextBox1.SaveFile(sFD.FileName,
                        RichTextBoxStreamType.RichText);
         chdFrm.fileName=sFD.FileName;     //将文件名通过 fileName 属性保存
         chdFrm.fileExistFlag=true;        //设置文件为已保存文件
      }
    }
}
```

代码分析：FileExistFlag 字段的默认值为 false。因此当新建文件首次保存时，将会弹出"保存"对话框。在对话框中输入文件名并保存后，需要将文件名通过 fileName 属性保存到 FileName 字段，并将文件设置为已存在文件，设置 fileExistFlag 值为 true。

应注意的是，此处只是实现了新建文件保存功能。其他功能可能需要相应修改。例如：当通过"打开"菜单的方式打开文件时，由于是已存在文件，因此需要设置 fileExistFlag 属性为 true，并将 fileName 属性设置为打开文件的名称。

10.4　通过继承创建自定义控件

有 3 种方法可以创建自定义控件：复合控件、扩展已有控件和自定义控件。

（1）复合控件：通过将多个基本控件组合起来形成一个新的控件。

（2）扩展已有控件：通过继承已有基本控件，可在新派生出的控件中新增数据成员，达到继承已有控件功能，并扩展出新功能的目的。

（3）自定义控件：即完全由开发者自己来设计、实现一个全新的控件，这是创建控件最灵活、最强大的方法，但是，也是对开发者要求较高的方法。要实现一个自定义控件，要求开发者必须了解 GDI+和 Windows API 等相关知识。

此处主要介绍扩展已有控件的方法。

在例 9.4 通过键盘控制小鱼游动实例中，为了实现小鱼转向功能，需要设置一个全局变量保存鱼头的方向，并根据按键和鱼头方向变量决定鱼是否需要转向。当需要控制多条鱼转向游动时，需要为每一条鱼设置一个全局方向变量，实现较为复杂。此时，可通过扩展 PictureBox 控件功能，为 PictureBox 控件增加一个属性，例如：增加一个属性用于判断

PictureBox 控件中的图片是否在 X 方向发生了翻转。通过 Visual Studio 中提供的控件扩展方法，可以很方便快捷地实现这样一个新的控件。通过将扩展后的控件添加到控件工具箱中，就可以像使用系统已有控件一样使用新控件。以下以扩展 PictureBox 控件为例，介绍控件扩展和引用扩展控件的步骤。

【例 10.8】扩展 PictureBox 控件。

① 创建一个 Windows 窗体控件库项目。

在 Visual Studio 2019 运行界面中，依次单击"文件"→"新建"→"项目"菜单项，在弹出的"创建新项目"窗体中选择"Windows 窗体控件库（.NET Framework）"选项，如图 10-3 所示。单击"下一步"按钮，在弹出的项目设置界面中设置项目名称、保存路径和解决方案名称。本例中设置项目名称为 MyPictureBox，单击"创建"按钮。

图 10-3　"创建新项目"窗体

② 将生成的 UserControl 界面中的控件 Name 属性修改为 newPictureBox，并在解决方案资源管理器中，将 UserControl.cs 文件名也修改为 newPictureBox.cs。

③ 修改 newPicBox.cs 代码如下：

```
namespace myPictureBox
{
    //public partial class newPicBox:UserControl
    public partial class newPicBox:PictureBox
    {
        private bool FlipXFlag=false;
        public bool flipXFlag
        {
            get{return FlipXFlag;}
            set{FlipXFlag=value;}
        }
        public newPicBox()
        {
            InitializeComponent();
        }
    }
}
```

在这段代码中，原自定义控件 newPicBox 默认继承自类 UserControl，需要将默认继承类修改为 PictrueBox。同时，在控件 newPicBox 中定义了一个私有字段 FlipXFlag，并通过公共属性 flipXFlag 访问私有字段 FlipXFlag。通过定义公共属性 flipXFlag，新控件 newPicBox 的属性窗口中除继承 PictureBox 属性外，还会新增一个属性 flipXFlag。

④ 打开 newPicBox.Designer.cs 文件，删除或注释掉下面两行语句。

```
this.AutoScaleDimensions=new System.Drawing.SizeF(8F,15F);
this.AutoScaleMode=System.Windows.Forms.AutoScaleMode.Font;
```

当新建控件默认继承自类 UserControl 时，这两行语句是正确的。当继承的类修改为 PictrueBox 后，这两行语句将会报错。

⑤ 单击"生成"→"生成解决方案"菜单项，最终将生成 DLL 文件。如图 10-4 所示，显示了生成的 DLL 文件保存路径。复制该 DLL 文件，并通过引用该 DLL 文件，即可使用新建的 newPicBox 控件。

图 10-4　生成结果

⑥ 自定义控件的使用。

新建 Windows 窗体应用程序，在控件"工具箱"窗口中右击"公共控件"选项，在弹出的快捷菜单中单击"选择项"菜单项。如图 10-5 所示。在打开的"工具箱"窗体中单击"浏览"按钮，选择步骤 5 中生成的 myPictureBox.dll 文件，即可在"工具箱"窗体中增加一个新的控件 newPicBox，如图 10-6 所示。可以像使用其他控件一样使用该控件。

图 10-5　快捷菜单

图 10-6　增加控件 newPicBox 后

例如，在应用程序窗体中增加一个 newPicBox 控件，查看该控件的属性，即可以看到该控件在具有 PictureBox 属性的同时，新增了一个新的属性 flipXFlag。

设置窗体的 BackgroundImage 属性为一张海底图片，设置 newPicBox 对象的 Image 属性为一条鱼的图片（PNG 格式），SizeMode 属性为 StretchImage。要通过键盘的【↑】、【↓】、【←】、【→】键控制这条鱼来回游动，只需编辑窗体的 KeyDown 事件代码如下即可：

```
private void Form1_KeyDown(object sender,KeyEventArgs e)
{
    if(e.KeyCode.Equals(Keys.Up))
        newPicBox1.Location=new Point(newPicBox1.Location.X,
                        newPicBox1. Location.Y-5);
    else if(e.KeyCode.Equals(Keys.Down))
        newPicBox1.Location=new Point(newPicBox1.Location.X,
                        newPicBox1. Location.Y+5);
    else if(e.KeyCode.Equals(Keys.Right))
    {
        if(newPicBox1.flipXFlag)
        {
            Image myImage=newPicBox1.Image;
            myImage.RotateFlip(RotateFlipType.RotateNoneFlipX);
            newPicBox1.Image=myImage;
            newPicBox1.flipXFlag=false;
        }
        newPicBox1.Location=new Point(newPicBox1.Location.X+5,
                        newPicBox1. Location.Y);
    }
    else if(e.KeyCode.Equals(Keys.Left))
    {
        if(!newPicBox1.flipXFlag)
        {
            Image myImage=newPicBox1.Image;
            myImage.RotateFlip(RotateFlipType.RotateNoneFlipX);
            newPicBox1.Image=myImage;
            newPicBox1.flipXFlag=true;
        }
        newPicBox1.Location=new Point(newPicBox1.Location.X-5,
                        newPicBox1. Location.Y);
    }
```

习题

1. 新建控制台程序，定义一个立方体类 Cube，该类具有 length、width、height 属性和对应的 Length、Width、Height 字段，字段默认值均为 10；Length、Width、Height 字段的取值范围在（0，100）之间。定义一个构造函数，函数参数为立方体的长、宽、高值。定义方法 Area、Volume 计算并返回立方体的表面积和体积。

在 Program 类的 Main 方法中测试新建的类和方法。调用默认构造函数创建对象，并输出该立方体的表面积和体积。调用自定义构造函数创建对象，并输出该立方体的表面积和体积。

2. 创建类库项目，重新创建上题中的类 Cube，并生成 DLL 文件。新建控制台程序，定义一个类 NewCube，该类继承自类 Cube，该类新增 density 属性、对应的 Density 字段以及一个 Weight 方法，Weight 方法用于计算立方体的重量。在 Program 类的 Main 方法中测试新建的类和方法。

参 考 文 献

[1] 帕金斯，哈默，里德.C#入门经典（第 8 版）[M].齐立博，译.北京：清华大学出版社，2019.

[2] 国家 863 中部软件孵化器.C#从入门到精通[M].2 版.北京：人民邮电出版社，2015.

[3] 明日科技.C#从入门到精通[M].5 版.北京：清华大学出版社，2019.

[4] 软件开发技术联盟.C#自学视频教程[M].北京：清华大学出版社，2014.

[5] 谭浩强.C 程序设计[M].5 版.北京：清华大学出版社，2017.